Basic Mathematics

기초수학

김승욱 · 김영록 · 송현정 지음

자유아카데미

서문

오늘날, 학문 전 분야에 걸쳐서 수학의 중요성은 날로 더해가고 있다. 공학이나 물리, 화학과 같은 전통적으로 수학을 중요시 하는 분야뿐만 아니라 사회과학, 인문과학 등에도 수학의 위상이 날로 커지고 있다. 그 이유는 복잡다단하고 깊게 얽혀있는 각 분야에서 나타나는 현상을 수학의 논리적 도구를 이용하여 분석하고 해석하는 것이 가장 효과적인 것으로 인식되어지기 때문인 것으로 생각된다.

이러한 관점에서 이책은 이공계 학생이 아니지만 수학의 응용성을 중시하는 사회과학, 인문과학 등을 전공하는 학생들을 위하여 쓰게 되었는데, 이 분야에서 공부하고 연구를 하게될 때 가장 필요한 수학의 분야를 선별하여 저술하였다. 이를 위해 최근에 발간된 여러 서적을 검토한 다음 현대적 흐름에 맞는 수준으로 이 책의 내용의 가닥을 잡게되었다. 전반적으로는 위에서 말한 학생들이 알아야 할 부분을 중점적으로 썼지만 대학교의 일반교양 과목으로 쓰기에도 손색이 없게끔 책의 내용을 폭넓게 서술하였다.

책의 구성에 있어서는, 처음 1, 2장에서는 수학을 공부하는데 반드시 알아야 할 기본적 분야인 집합과 함수를 소개하였고 다음 장에서는 현대에 와서 폭넓게 이용하는 행렬을 중심으로 대수학 분야를 다루었다. 그리고 해석학 분야에서는 많은 전문 분야에서 가장 널리 쓰이는 미적분학과 그를 이용한 다양한 응용분야를 소개하였다. 각 장마다 풍부한 예와 종합문제 등을 제시하여 학생들 스스로 공부하는데 도움이 되도록 구성하였다.

이 책을 통하여 수학을 배우고자 하는 학생들은 다음과 같은 방법으로 공부하기를 바란다. 먼저 소개되는 정의를 제대로 이해하여야 한다. 더불어 그에 따른 용어와 기호를 정확히 인식하는 것이 중요하다. 그 다음 정의에 맞는 예들을 보면 그 정의의 내용을 보다 확실히 이해하고 논리적으로 다질 수 있다. 정의를 알고나면 대부분의 경우 그 정의에서 파생된 여러가지 이론들이 나오는데 주로 정리로서 나타난다. 이 정리들이 실제 수학에서 주로 쓰이는 이론적 도구가 된다. 이 정리들은 대부분 증명을 통하여 완성되는데 이 과정도 제대로 이해하는 것이 수학적 사고력을 높이는데 큰 역할을 한다. 마지막으로 중요한 것은 연습문제를 풀어보는 것이다. 연습문제의 목적은 책의 내용을 이해했는지의 여부를 테스트하는 의미도 있지만 전체 이론을 확장하여 공부하게 하는데 더 큰 의의가 있다.

이 교재를 통해서 독자들이 수학이라는 학문을 보다 많이 이해하고 또 각자의 분야에서 나타나는 많은 수학적 문제를 해결할 수 있는데 도움이 된다면 더 바랄 것이 없겠다.

마지막으로 이 교재를 저술하신 각 분야의 전공 교수님들과 출판에 여러모로 도움을 주신 자유 아카데미 관계자 여러분께도 깊은 감사의 말씀을 전하고 싶다.

2016년 2월

저자 대표 김승욱

Contents

Chapter 1

집합론

보통 집합은 단순히 어떤 대상들의 모임 정도로만 생각하지만, 현대수학에서는 집합을 빼놓고는 아무 것도 할 수가 없을 정도로 중요한 분야이다. 왜냐하면 수학의 출발이 집합으로부터 시작하고 모든 수학적 대상들이 집합으로 표시되기 때문이다. 더구나 집합론 자체가 가지고 있는 논리적 구성이 수학의 가장 기본적인 문제라고 할 수 있는 추상적이고도 공리적인 내용을 담고 있기 때문이다. 따라서 집합은 정의할 때부터 아주 엄격한 이론적 바탕 위에서 시작하여야 한다. 물론 수학을 전공하지 않은 사람들에게 어려운 논리적 잣대를 요구할 수는 없지만, 배우는 내용에 있어서는 정확히 알고 있어야 다른 분야에 응용하는 것도 용이해지기 때문이다.

1.1 집합의 정의

수학의 기본이 되는 집합을 창시한 칸토어(G.Cantor, 1845–1918)는 다음과 같이 집합을 정의하였다.

> **정의 1.1.** 집합(set)은 우리의 논리적인 사고나 직관을 통하여 전체로부터 잘 구별되어지는 m개의 수학적 대상들의 모임들 중에서 (원소라고 불리는) M개를 모아 놓은 것이다.

아주 쉬운 예를 들자면 '10보다 작은 자연수들의 모임' 또는 'A 대학의 경영학과 3학년 학생들의 모임' 같은 것을 집합으로 나타낼 수 있다. 그러나 이런 식으로 집합을 표현하는 것에는 수많은 수학적 대상들을 나타내는 데 한계가 있다. 그래서 수학자들은 집합을 기호로 나타내게 된다. 가장 대표적인 집합의 기호는 다음과 같다.

$$\{x \,|\, x\text{는 성질 } P\text{를 갖는다}\}$$

중괄호 안에 x는 집합의 구성원을 나타내는 기호이고 세로 줄 '$|$'의 오른쪽에는 x의 성질을 정의한다. 위에 소개한 예를 표시하면 $\{x\,|\,x$는 자연수, $x \le 10\}$, $\{x\,|\,x$는 A 대학의 경영학과 3학년 학생$\}$이 된다.

집합 자체는 보통 영어의 대문자 $A, B, C, \ldots$ 등으로 표시하고, 그 구성원들은 소문자 $a, b, c, \ldots$ 등으로 나타낸다. 집합을 $\{a, b, c, \ldots\}$와 같이 구체적으로 나열할 수도 있는데 이런 방법을 원소나열방식이라고 한다. 원소나열방식은 구체적으로 표현이 가능한 경우에만 쓰고 일반적으로는 위의 방식을 사용한다.

예 1.1 다음의 집합들은 수학에서 가장 기본적으로 쓰이는 보기들이다.

(1) 자연수들의 집합 $\mathbb{N} = \{n\,|\,n$은 자연수$\} = \{1, 2, 3, \ldots\}$

(2) 정수들의 집합 $\mathbb{Z} = \{z\,|\,z$는 정수$\} = \{\pm n\,|\,n \in \mathbb{N}$ 또는 $n = 0\} = \{0, \pm 1, \pm 2, \pm 3, \ldots\}$

(3) 유리수(분수)들의 집합 $\mathbb{Q} = \{q\,|\,q$는 유리수$\} = \{\frac{m}{n}\,|\,\frac{m}{n}$은 기약분수로서 $m, n \in \mathbb{Z},\ n \neq 0\}$

(4) 실수들의 집합 $\mathbb{R} = \{x\,|\,x$는 실수$\} = \{x\,|\,x$는 유리수 또는 무리수$\}$

한편 a가 집합 A의 구성원이면 a를 집합 A의 원소라고 하며 $a \in A$로 표시하고, 그렇지 않으면 $a \notin A$로 나타낸다. 예를 들면 $3 \in \mathbb{N}$이지만 $-2 \notin \mathbb{N}$이다. 이 기호를 이용하여 수학에서 자주 나타나는 구간들을 나타내면 다음과 같다.

예 1.2 $a, b \in \mathbb{R}$이고 $a < b$라고 하자.

(1) $[a, b] := \{x\,|\,x \in \mathbb{R}, a \le x \le b\}$

(2) $(a, b] := \{x\,|\,x \in \mathbb{R},\ a < x \le b\}$

(3) $[a, b) := \{x\,|\,x \in \mathbb{R},\ a \le x < b\}$

(4) $(a, b) := \{x\,|\,x \in \mathbb{R},\ a < x < b\}$

또한 아무런 원소를 가지고 있지 않은 집합은 빈집합(empty set)이라고 하며 $\varnothing$으로 나타낸다. 예를 들면 집합 $\{x\,|\,x \in \mathbb{R},\ x > 2$ 그리고 $x < 2\} = \varnothing$이다.

정의 1.2. A와 B가 집합들이고, B의 모든 원소가 A의 원소이면 B를 A의 부분집합(subset)이라고 하며 $B \subset A$로 나타낸다. 이를 기호와 더불어 표시하면 '임의의 $b \in B$에 대해서 $b \in A$이다'(또는 $b \in B \to b \in A$).

부분집합의 정의에 의해서 다음의 정리가 쉽게 성립한다.

정리 1.1

빈집합은 모든 집합의 부분집합이다.

집합 A의 모든 부분집합을 모아놓은 집합을 A의 멱집합(powerset of A)이라고 하며 $\mathcal{P}(A)$로 표시한다. 즉 $\mathcal{P}(A) = \{B \mid B \subset A\}$. 위의 부분집합 정의 1.2와 정리 1.1에 의하면 집합 A는 A의 부분집합이다. 즉, $A \subset A$. 따라서 멱집합에는 반드시 $\varnothing$와 A가 원소로 들어있다.

반면에 집합 B가 집합 A의 부분집합이며 동시에 집합 A안에 B에 들어있지 않은 원소가 적어도 하나라도 있으면 B를 A의 진부분집합이라고 하며 $B \subsetneq A$로 나타낸다. 예를 들면 $\mathbb{N} \subsetneq \mathbb{Z}$가 되겠다. 한편 B가 A의 부분집합이 아니라는 것은 집합 B에는 있지만 A에는 들어있지 않은 원소가 하나라도 있는 경우인데 기호로는 $B \not\subset A$로 나타낸다. 예를 들면 $B = \{1,4,2\} \not\subset \{1,2,3\} = A$이다.

집합의 원소를 나열하는 방법에는 아무런 규칙이 없지만, 같은 원소를 반복적으로 쓸 이유는 없다. 예를 들면 $\{1,2,3\} = \{2,1,3\}$ 그리고 $\{1,1,2\} = \{1,2\}$이다.

두개의 실수가 같다는 것을 정의하는 것처럼 다음의 정의는 두 집합이 같을 때의 정의를 나타낸다.

정의 1.3. 두 집합 A, B에 대해서 $A = B$는 $A \subset B$ 그리고 $B \subset A$를 만족하는 것이다.

예 1.3

(1) $\{x \mid x \in \mathbb{R},\ x^2 - 3x + 2 = 0\} = \{1,2\}$

(2) $\mathbb{N} = \{|z| \mid z \in \mathbb{Z},\ z \neq 0\}$

(3) $\{x \mid x \in \mathbb{R},\ x \geq 3\} = \{x \mid x \in \mathbb{R},\ x - 3 \geq 0\}$

연습문제 1.1

1. 빈집합이 되는 집합을 만들어 보아라.

2. $A = \{a,b,c\}$이면 $\mathcal{P}(A) =$

3. $\mathcal{P}(\varnothing) =$

4. $\{x \mid x \in \mathbb{R},\ x^3 - 1 = 0\} =$

5. $\{x \mid x \in \mathbb{R},\ x^2 + 1 = 0\} =$

1.2 집합의 크기

집합의 크기(cardinality of a set)는 그 집합의 원소들의 개수로 정의된다. 예를 들면 집합 $A = \{1, \frac{1}{2}, 2\}$의 크기는 3이다. 그런데 모든 집합은 그 크기에 따라 셀 수 없는 집합(uncountable set)과 셀 수 있는 집합(countable set)으로 구분한다.

셀 수 있는 집합은 다시 유한한 집합(finite set)과 셀 수 있는 무한한 집합(countably infinite set)으로 구분한다. 유한한 집합은 위에 있는 집합 A처럼 원소의 개수가 어떤 자연수 또는 0으로 나타나는 것이고 셀 수 있는 무한한 집합은 자연수 전체의 집합 $\mathbb{N}$처럼 원소의 개수를 셀 수는 있지만 끝없이 무한히 많은 원소를 가지고 있는 집합이다. 칸토어는 유리수 전체의 집합 $\mathbb{Q}$가 셀 수 있는 무한한 집합인 것을 밝혔다.

셀 수 없는 집합은 원소의 개수가 자연수 전체의 원소보다 훨씬 더 많아서 모든 원소에 자연수를 붙일 수 없는 집합이다. 따라서 셀 수없는 집합은 당연히 무한한 집합이다. 대표적으로는 실수 전체의 집합 $\mathbb{R}$이 셀 수없는 집합의 보기이다.

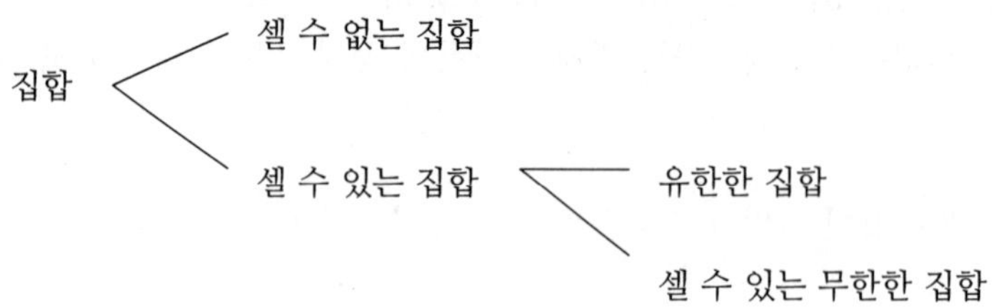

그림 1.1: 크기에 따른 집합의 분류

예 1.4

(1) 집합 $\{1, 2, 3, 5, 10\}$의 크기는 5이다.
(2) $\{2n \mid n \in \mathbb{N}\}$은 셀 수 있는 무한한 집합 $\mathbb{N}$의 부분집합으로 셀 수 있는 집합이다.
(3) 빈집합의 크기는 0이다. 따라서 유한한 집합이다.
(4) 크기가 자연수 $n \geq 0$인 유한한 집합의 멱함수의 크기는 2^n개로서 유한하다.

연습문제 1.2

1. 다음 집합의 크기를 말하여라.
   (1) $\{n \mid n \in \mathbb{N},\ n \leq 10\}$
   (2) $\{n \mid n \in \mathbb{N},\ n > 10\}$
   (3) $\mathcal{P}(\{n \mid n \in \mathbb{N},\ n$은 소수이고 $n \leq 10\})$

1.3 집합의 연산

집합의 연산이라고 하는 것은 마치 숫자들끼리 더하고 빼고 나누는 것처럼 집합들 간에 계산하는 방식을 의미한다. 대표적인 집합의 연산으로는 합집합, 교집합 그리고 상대적 여집합

등이 있는데 다음과 같이 정의된다.

정의 1.4. A와 B를 임의의 집합이라고 하면
(1) $A \cup B := \{x \mid x \in A$ 또는 $x \in B\}$는 A와 B의 합집합(union),
(2) $A \cap B := \{x \mid x \in A$ 그리고 $x \in B\}$는 A와 B의 교집합(intersection),
(3) $A - B = \{x \mid x \in A$ 그리고 $x \notin B\}$로 정의하고 A에 대한 B의 상대적 여집합(relative complement)이라고 한다.

참고 1.1 위 정의 1.4에서 집합들의 개수가 유한하다는 것에 유의하길 바란다. 즉 위의 연산은 무한히 많은 집합들에 관하여서는 정의가 안 되어 있어 그에 관한 정의는 따로 되어있어야 한다는 것이다.

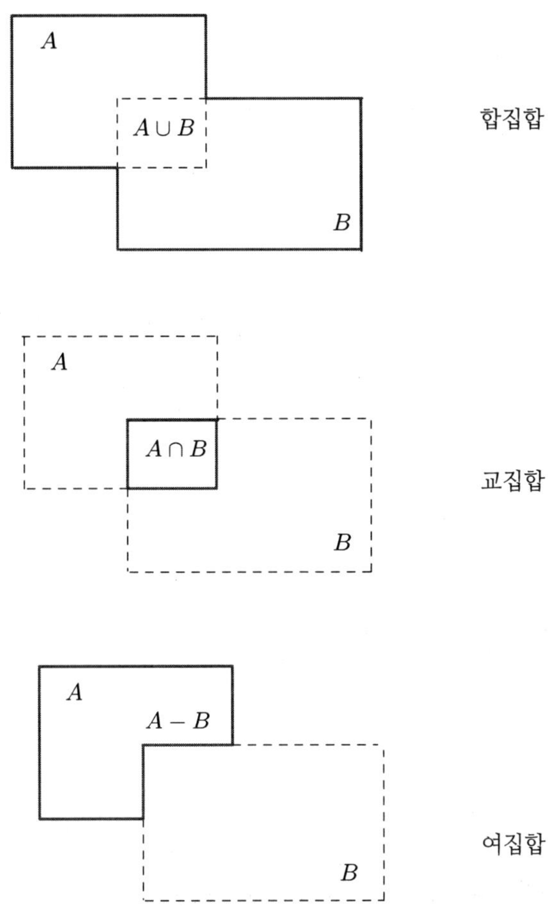

그림 1.2: 두 집합간에 연산

결론적으로 A와 B의 합집합은 두 집합의 모든 원소를 한 집합으로 모아놓은 집합, 교집합은 두 집합사이에 공통으로 들어있는 원소들의 집합 그리고 $A-B$는 A에만 들어있는 원소들의 집합이라고 생각하면 된다.

예 1.5

(1) $A = \{1,2,3,4\}$, $B = \{2,4,6,8\}$이면 $A \cup B = \{1,2,3,4,6,8\}$, $A \cap B = \{2,4\}$, $A - B = \{1,3\}$가 된다.

(2) $\mathbb{N} \cup \mathbb{Z} = \mathbb{Z}$, $\mathbb{N} \cap \mathbb{Z} = \mathbb{N}$

(3) $\mathbb{R} - \mathbb{Q} = \{x \,|\, x \in \mathbb{R},\ x$는 무리수$\}$

정의 1.5. A와 B의 교집합이 빈집합이 아니면 'A와 B는 만난다'고 하고 빈집합이면 '만나지 않는다'고 말한다.

위에 있는 집합의 연산들에 따르면 특별한 증명 없이 다음이 성립함을 알 수 있다.

정리 1.2

A, B, C를 집합이라고 하자.

(1) '$\cup$, $\cap$'에 관한 교환법칙(commutative rule) $A \cup B = B \cup A$, $A \cap B = B \cap A$

(2) 결합법칙(associative rule) $A \cup (B \cup C) = (A \cup B) \cup C$, $A \cap (B \cap C) = (A \cap B) \cap C$

(3) 분배법칙(distributive rule) $A \cap (B \cup C) = (A \cap B) \cup (A \cap C)$, $A \cup (B \cap C) = (A \cup B) \cap (A \cup C)$

정리 1.3

A, B, C가 집합들이고 $A, B \subset C$라고 하자. 그럼 다음이 성립함을 쉽게 알 수 있다.

(1) $C - (A \cup B) = (C - A) \cap (C - B)$

(2) $C - (A \cap B) = (C - A) \cup (C - B)$

예 1.6 $A = \{1,2,3,4\}, B = \{2,3,5\}, C = \{1,2,3,4,5,6\}$이라고 하자.

(1) $C - (A \cap B) = (C - A) \cup (C - B) = \{5,6\} \cup \{1,4,6\} = \{1,4,5,6\}$

(2) $C - (A \cup B) = (C - A) \cap (C - B) = \{5,6\} \cap \{1,4,6\} = \{6\}$

연습문제 1.3

1. 임의의 집합 A에 대해서 $\varnothing \cap A = \varnothing$, $\varnothing \cup A = A$임을 보여라.

2. $[0,1] \cap \mathbb{Z} =$

3. $[0,1] - \mathbb{Z} =$

4. $(\mathbb{N} - \{1,2,3,4\}) - \{3,4,5\} =$

5. 상대적 여집합에 관한 교환법칙이 성립하지 않는 보기를 하나 만들어라.

6. 집합 $A = \{1,2,3\}$, $B = \{3,4,5\}$에 대해서 다음을 계산하여라.
   (1) $\mathbb{N} - (A \cap B) =$
   (2) $\mathbb{N} - (A \cup B) =$

1.4 수학적 명제

수학에서 명제(statement)라고 하는 것은 가정(hypothesis, assumption)(또는 조건)과 결론(assertion)(또는 주장)으로 이루어진 하나의 논리적 문장이다. 그리고 그 명제는 반드시 참(true) 아니면 거짓(false)이라는 답을 가지고 있어야 한다. 여기서 거짓이란 답은 보다 엄밀히 말하면 틀렸다는 의미다. 물론 명제 중에는 참인지 거짓인지 모르는 경우도 있지만, 그렇다고 답이 없는 것은 아니다. 다만 답을 모르는 것뿐이다.

보통 수학자들은 명제에서의 가정은 H 그리고 결론은 A로 나타내는 기호 $H \longrightarrow A$로 표시한다.

증명이라고 하는 것은 주어진 명제가 참인지 아닌지를 밝히는 논리적 과정을 의미한다. 즉, 모든 명제는 증명을 통해서 참인지 아닌지를 보이는 것이다. 예를 들면 'x가 3이면 x는 자연수다'라는 문장은 분명히 명제이고 그 답도 참이지만, 그냥 'x는 자연수다'라는 문장은 명제가 아니다. 한편 '날이 흐리면 비가 온다'라는 문장은 분명히 명제이지만 참인가 아닌가는 따져 보아야한다.

한편 명제 $H \longrightarrow A$가 참이면 조건 H를 결론 A가 되기 위한 충분조건(sufficient condition)이라고 말하고 결론 A를 (H가 성립하면 반드시 따른다는 의미로) H의 필요조건(necessary condition)이라고 한다. 예를 들면 '사과의 맛은 시다'라는 명제가 참이라면 사과는 신맛을 알기 위한 충분조건이고, 신맛은 '사과를 맛보면 반드시 시다'라는 필요조건이 된다.

주어진 명제가 참이라는 것을 증명하는 방법은 직접증명, 간접증명 귀납법 등 여러 가지가 있다. 그렇다면 명제가 거짓이라는 것은 어떻게 밝힐 수 있을까? 이는 어떤 명제가 참이라고 하는 것은 그 명제의 조건의 임의성에 기반을 두고 있다. 즉, 어떤 경우라도 조건이 충족되면 결론이 항상 맞는다는 것을 의미한다. 따라서 명제가 틀렸다는 것을 보이기 위해서는 그 임의성을 해치면 된다. 즉, 단 한 개의 경우라도 조건이 맞는데 결론이 안 맞으면 그 명제는 틀린 것이 된다. 결론을 해치는 그 조건을 반례(counterexample)라고 한다. 위의 사과에 관한 명제가 틀렸다는 것을 보이려면 사과 중에 단 한 개라도 시지 않은 사과를 찾으면 되는 것이다.

명제 $H \longrightarrow A$가 참이고 그 역의 명제 $A \longrightarrow H$ 역시 참이면 H와 A는 서로 필요충분조건을 만족한다고 하며, H와 A를 동등(equivalent)이라고 하며 $A \longleftrightarrow H$로 표시한다.

예 1.7 다음을 보여라.

(1) 명제 '6의 배수는 3의 배수이다'는 참이다.

(2) 명제 '3의 배수는 6의 배수이다'는 틀린 명제이다

(3) 모든 $n \in \mathbb{N}$에 대해서 다음이 성립한다. n은 짝수이다 $\longleftrightarrow$ n은 2로 나누어진다.

| **풀이** | (1) $6 = 3 \cdot 2$이므로 맞는 명제이다.

(2) 15는 3의 배수이지만 6의 배수는 아니므로 15가 반례가 된다.

(3) 모든 $n \in \mathbb{N}$에 대해서 다음의 명제들은 서로 필요충분조건을 만족한다. n은 짝수 $\longleftrightarrow$ n은 2의 배수 $\longleftrightarrow$ n은 2로 나누어진다.

□

연습문제 1.4

1. (1) 어떤 자연수가 홀수가 되기 위한 충분조건을 만들어 보아라.

   (2) 어떤 자연수가 홀수이면 나타나는 필요조건들을 만들어 보아라.

2. 임의의 $x \in \mathbb{R}$에 대해서 다음의 명제가 참이 되게 괄호 안에 화살표로 나타내어라.

   (1) $x - 1 \leq 0$ ( ) $x \leq 1$

   (2) $x^2 \leq 1$ ( ) $x \leq 1$

   (3) $x^2 - 1 > 0$ ( ) $x > 1$ 또는 $x < -1$

   (4) $x^3 - 1 > 0$ ( ) $x > 1$.

1.5 집합들의 카르테시안 곱

프랑스의 석학 데카르트(R. Descartes, 1596–1650)는 2차원 평면에서의 한 점의 위치를 특정하기 위하여 좌표의 개념을 도입하였는데 이것이 현대수학의 발전에 획기적인 전환점을 마련하게 되었다. 이를 위해 그는 다음과 같은 집합을 생각하였다.

정의 1.6. A와 B가 빈집합이 아닌 집합들이라면 새로운 집합

$$A \times B := \{(a, b) \,|\, a \in A,\, b \in B\}$$

를 집합 A, B의 카르테시안 곱(Cartesian product)이라고 하고, 그 원소 (a, b)를 순서쌍이라고 하며, 순서쌍을 이루는 a와 b를 각각 첫 번째 항(first coordinate), 두 번째 항

(second coordinate)이라고 한다.

카르테시안 곱에서는 아래의 보기에서 보듯이 교환법칙, 즉 $A \times B = B \times A$가 성립하지 않는 것을 기억해야 한다. 하지만 다음 정리는 카르테시안 곱에 관한 결합법칙이 성립한다는 것을 말해준다.

정리 1.4

A, B, C를 빈집합이 아닌 집합들이라고 하면 다음이 성립한다.

$$A \times (B \times C) = (A \times B) \times C$$

참고 1.2 두 개의 집합에 관한 카르테시안 곱이 정의는 세개의 집합에 관한 카르테시안 곱으로 확장할 수 있고 따라서 모든 임의의 유한한 개수들의 집합으로 정의할 수 있다. 예를 들면 $A \times A = A^2$, $A \times A \times A = A^3, \ldots, \underbrace{A \times A \times \ldots \times A}_{n\text{번}} = A^n$으로 정의된다.

예 1.8

(1) $A = \{1, 2, 3\}, B = \{a, b\}$라고 하면 $A \times B = \{(1, a), (1, b), (2, a), (2, b), (3, a), (3, b)\}$ 그리고 $B \times A = \{(a, 1), (a, 2), (a, 3), (b, 1), (b, 2), (b, 3)\}$이 된다.

(2) $[1, 2] \times [2, 4] = \{(x, y) \mid x, y \in \mathbb{R},\ 1 \leq x \leq 2,\ 2 \leq y \leq 4\}$가 되는데 이를 2차원 평면에 좌표로 나타내면 그림 1.3과 같다.

(3) $\mathbb{R} \times \mathbb{R} = \{(x, y) \mid x, y \in \mathbb{R}\}$은 2차원 평면을 나타낸다.

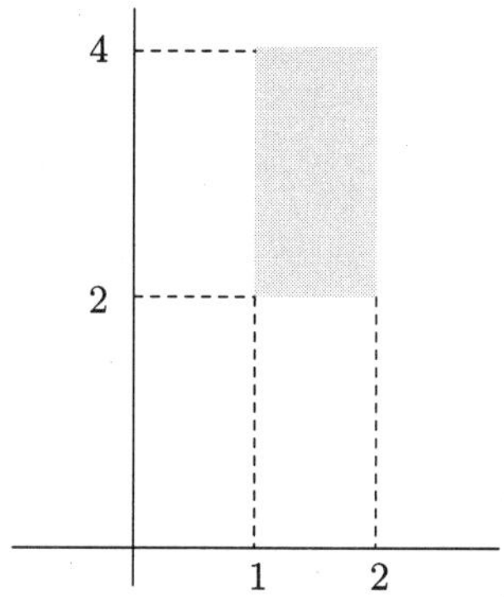

그림 1.3: $[1, 2] \times [2, 4]$

연습문제 1.5

1. $A = \{1,2\}, B = \{a,b,c\}$라고 하면 $B \times A =$

2. $[2,4] \times [1,2]$를 2차원 평면에 좌표로 나타내고 $[1,2] \times [2,4]$와 비교해 보아라.

3. $\{1\} \times \mathbb{R}$과 $\mathbb{R} \times \{1\}$을 2차 평면 위에 나타내 보아라.

4. $A = \{1,2,3\}, B = \{a,b\}$일 때 $(A \times B) \cap (B \times A) =$

1.6 집합들 위의 관계

다음에서 우리는 집합에 관한 여러 가지 개념중 가장 기본적이고 중요한 것 중의 하나인 '두 집합위에 정의된 관계'에 대해 배우게 된다. 수학의 개념 중 많은 부분이 이 관계의 개념을 통해서 정의되는 만큼 독자들은 이 개념을 정확히 알고 있어야 한다.

정의 1.7. A, B를 임의의 집합이라고 하자. 그러면 카르테시안 곱 $A \times B$의 부분집합 R을 A, B위의 관계(relation on A, B)라고 한다.

위 정의에 의하면 '두 집합위의 관계 R'의 개념은 단순히 $R \subset A \times B$를 만족하면 된다. 예를 들면 빈집합은 모든 집합의 부분집합이니 빈집합은 항상 두집합 위의 관계가 된다. 물론 $A \times B$도 두 집합 A, B위의 관계가 된다. 그러나 우리의 관심을 끄는 것은 어떤 특정한 성질을 만족하는 관계들이다. 예를 들면 $A = \{1,2,3\}$이고 $B = \{2,3\}$일 때 $R = \{(a,b) \,|\, a \in A,\ b \in B,\ a \geq b\} = \{(2,2),(3,2),(3,3)\}$과 같은 것이다. 보다 복잡한 보기로서는 $A = B = \mathbb{R}$일 때 $R = \{(x,-x) \,|\, x \in \mathbb{R}\}$로 관계를 정의하면 이 R은 2차 좌표평면에 $y = -x$의 그래프로 나타난다.

예 1.9

(1) $A = \{1,2,3\},\ B = \{2,3\}$일 때 $R = \{(a,b) \,|\, a \in A,\ b \in B,\ a - b = 0\}$은 어떤 집합인가?

(2) $\mathbb{N}$위의 관계 $R = \{(m,n) \,|\, m, n \in \mathbb{N}, m^2 - n^2 = 1\}$은 어떤 집합인가?

(3) $A = B = \mathbb{R}$일 때 관계 $R = \{(x,3x) \,|\, x \in \mathbb{R}\}$을 2차평면에 나타내 보아라.

| 풀이 | (1) $R = \{(a,a) \,|\, a \in A, B\} = \{(2,2),(3,3)\}$

(2) $R = \varnothing$

(3) $y = 3x$의 그래프가 된다.

□

연습문제 1.6

1. $A = \{1, 2, 3\}$이고 $B = \{2, 3\}$일 때 $R = \{(a, b) \mid a \in A, b \in B, a \leq b\}$은 어떤 집합인가?

2. $A = B = \mathbb{R}$일 때 관계 $R = \{(x, x^2) \mid x \in \mathbb{R}\}$을 2차 좌표평면에 표시하면 어떻게 나타나는가?

3. $x^2 + y^2 = 1$을 만족하는 모든 실수 x, y들의 관계 R을 2차 좌표평면에 나타내 보아라.

1.7 종합문제

1. 5의 배수인 모든 자연수를 원소로 하는 집합을 나타내 보아라.

2. 집합 $A = \{2n \mid n \in \mathbb{N}\}, B = \{3n \mid n \in \mathbb{N}\}$이면 $A \cap B =$

3. 집합 $\{\varnothing\}$의 멱집합을 써보아라.

4. 유한한 집합의 멱집합은 유한한 집합인 것을 밝혀라.

5. 집합 $A, B, C \neq \varnothing$에 대해서 다음이 성립함을 보여라.

$$(A \times C) \subset (B \times C)\text{이면 } A \subset B$$

6. 빈집합이 아닌 임의의 집합 $A, B, C \neq \varnothing$에 대한 다음이 성립함을 보여라.
   (1) $(A \cap B) \times C = (A \times C) \cap (B \times C)$
   (2) $(A \cup B) \times C = (A \times C) \cup (B \times C)$
   (3) $A \times (B - C) = (A \times B) - (A \times C)$

7. 다음의 명제를 보고 참,거짓 여부를 밝혀라.
   (1) 모든 실수 x에 대해서 $\frac{0}{x} = 0$이다.
   (2) 모든 실수 x에 대해서 $\frac{x}{0} = 0$ 이다.

8. A, B, U는 집합들이고 $A, B \subset U$이다. 그러면 다음이 성립함을 보여라.
   (1) $(U - A) - B = U - (A \cup B)$
   (2) $B \subset A \longleftrightarrow B - A = \varnothing$
   (3) $A \cap B = \varnothing \longleftrightarrow A \subset (U - B) \longleftrightarrow B \subset (U - A)$

9. (1) $x - 2y \leq 3$을 만족하는 모든 실수 x, y들의 관계를 구하여라.
   (2) $A = \{1, 2, 3\}$이면 $\mathcal{P}(A)$위의 관계로서 원소의 개수가 같은 A의 부분집합들의 관계를 구하여라.
   (3) $A = \{1, 2\}$이면 $\mathcal{P}(A)$위의 관계로서 "$\subseteq$"를 만족하는 A의 부분집합들의 관계를 구하여라.

Chapter 2

함수

함수는 한 집합의 원소들을 다른 집합의 원소들로 이어주는 역할을 하는 수학적 개념이다. 함수가 중요한 이유는 두 집합간의 성격을 구분하는 좋은 도구라는 것이다. 그러나 실용적인 의미로는 함수를 통해서 경제, 응용과학 공학 등 많은 분야에서 우리가 알고 싶어하는 결과에 대한 수학적 예측을 할 수 있다는 데에 그 중요성이 있다.

2.1 함수의 정의

정의 2.1. A, B를 빈집합이 아닌 임의의 집합이라고 하자. 함수(function) f는 A, B위에 정의된 관계 f로서 다음의 조건을 만족한다.
(1) 모든 $a \in A$에 대해서 $(a, b) \in f$가 되는 $b \in B$가 존재한다.
(2) $(a, b) \in f$ 그리고 $(a, c) \in f$이면 $b = c$가 성립한다.

위에 있는 함수의 정의를 보다 자세히 살펴하면, 함수는 A에 있는 모든 원소를 B에 있는 원소에 연결하며 어떤 원소 $a \in A$와 함수로 연결된 $b \in B$는 단 하나라는 것을 말해준다. 아래의 그림은 함수관계 여부를 쉽게 보여준다.

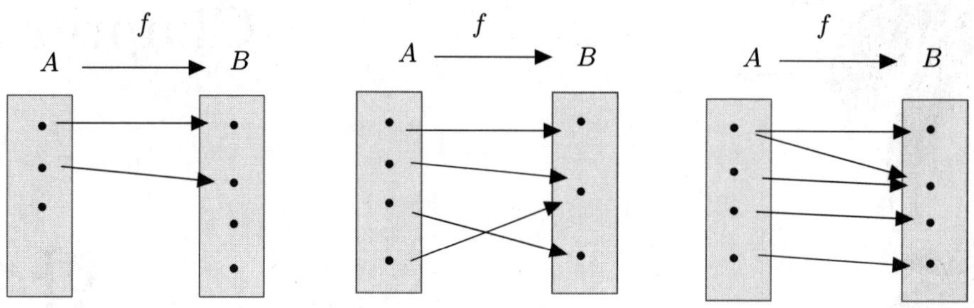

함수관계 아님　　　　함수관계　　　　함수관계 아님

그림 2.1: 관계와 함수

일반적으로 함수는

$$f : A \to B$$

로 나타내며 A를 정의역(domain), B를 공역(co-domain)이라고 한다. 또한 $(a, b) \in f$를 $b = f(a)$로 나타내고 $f(a)$를 a의 함수값이라고 한다. 전체의 함수값을 모두 모은 집합 $\{f(a) \,|\, a \in A\}$를 함수의 치역(range)이라고 하며 $f(A)$로 나타낸다. 즉,

$$f(A) = \{f(a) \,|\, a \in A\}$$

가 된다. 특별히 공역이 실수전체의 집합인 $\mathbb{R}$이면 그 함수를 '실수함수(real function)'라고 한다.

예 2.1 다음 실수함수들의 치역을 구하여라.

(1) $f : \mathbb{R} \to \mathbb{R},\ f(x) = x^2 + 1$

(2) $f : \mathbb{R} \to \mathbb{R},\ f(x) = |x - 2| + 3$

(3) $f : \mathbb{R} - \{0\} \to \mathbb{R},\ f(x) = \frac{1}{x}$

(4) 함수 $f : \mathbb{R} \to \mathbb{R},\ f(x) = \frac{1}{x^2+1}$

| **풀이** | (1) $\{x^2 + 1 \,|\, x \in \mathbb{R}\} = [1, \infty)$

(2) $\{|x - 2| + 3 \,|\, x \in \mathbb{R}\} = [3, \infty)$

(3) $\{\frac{1}{x} \,|\, x \in \mathbb{R} - \{0\}\} = \mathbb{R} - \{0\}$

(4) $\{\frac{1}{x^2+1} \,|\, x \in \mathbb{R}\} = (0, 1]$

□

연습문제 2.1

1. 집합 $A = \{1, 2, 3\}, B = \{a, b\}$에 존재하는 모든 함수를 만들어라.

2. 다음에 있는 $\mathbb{R}$위의 관계중 함수가 아닌 것과 함수인 것을 판정하라.
   (1) $\{(x, y) \,|\, x, y \in \mathbb{R},\ y = x - 1\}$
   (2) $\{(x, y) \,|\, x, y \in \mathbb{R},\ y = \frac{x}{x+1}\}$
   (3) $\{(m, n) \,|\, m, n \in \mathbb{N}, m$이 n의 배수$\}$
   (4) $\{(x, y) \,|\, x, y \in \mathbb{R},\ x^2 + y^2 = 1\}$

2.2 함수의 연산

함수들에게도 집합들과 마찬가지로 연산을 정의하여 새로운 함수를 만들 수 있다. 다만 여기서의 함수들은 항상 실수함수이여야 한다.

정의 2.2. $f : A \to \mathbb{R},\ g : A \to \mathbb{R}$이 같은 정의역을 가지는 실수함수들이라고 하면 모든 $a \in A$에 대해서 다음이 성립한다.
(1) $(f \pm g)(a) = f(a) \pm g(a)$
(2) 모든 $c \in \mathbb{R}$에 대해서 $(cf)(a) = cf(a)$
(3) $(f \cdot g)(a) = f(a) \cdot g(a)$
(4) $g(a) \neq 0$이면 $(\frac{f}{g})(a) = \frac{f(a)}{g(a)}$

위의 정의 (4)에서 새로운 함수 $(\frac{f}{g})$를 만들 때는 항상 이 함수의 정의역에 신경 써야 한다. 왜냐하면 분모가 0가 되는 경우가 나타나서는 안되기 때문이다. 예컨대, $f : \mathbb{R} \to \mathbb{R}$이 임의의 실수함수이고 $g : \mathbb{R} \to \mathbb{R},\ g(x) = x^2 - 1$이라면 함수 $(\frac{f}{g})$의 정의역은 $\mathbb{R} - \{1, -1\}$이다.

예 2.2 $f : \mathbb{R} \to \mathbb{R},\ f(x) = 3x - 2$이고 $g : \mathbb{R} \to \mathbb{R},\ g(x) = x^2 + 2x - 3$일 때 다음의 물음에 답하라.
(1) $(f + g)(x), (3g)(x), (-f)(x), (f \cdot g)(x)$를 구하고 $x = 1$일 때의 함수값을 각각 계산하라.
(2) $(\frac{f}{g})$의 정의역을 설정하라.
(3) $(\frac{f}{g})(x)$와 $(\frac{g}{f})(x)$를 구하고 $x = 0, 1$일 때의 함수값을 각각 계산하라.

| **풀이** | (1) $(f + g)(x) = x^2 + 5x - 5,\ (f + g)(1) = 1$, 나머지는 생략.
(2) $\mathbb{R} - \{-3, 1\}$
(3) $(\frac{f}{g})(x) = \frac{3x-2}{x^2+2x-3},\ (\frac{f}{g})(0) = \frac{2}{3},\ (\frac{f}{g})(1)$은 정의 안 됨. $(\frac{g}{f})(x)$ 경우는 생략.

□

연습문제 2.2

1. $f:\mathbb{R}\to\mathbb{R}$, $f(x)=3x^2-2$이고 $g:\mathbb{R}\to\mathbb{R}$, $g(x)=2x+1$일 때 다음을 계산하시오.
   (1) $(f+g)(x)$, $(f-g)(x)$, $(f\cdot g)(x)$, $(-2f)(x)$, $7g(x)$
   (2) $(\frac{f}{g})(x)$, $(2f-3g)(x)$

2.3 합성함수

다음에 배우는 합성함수 역시 대단히 유용한 개념이므로 잘 알고 있어야 한다.

정의 2.3. 함수들 $f:A\to B$, $g:B\to C$에 대해서 새로운 함수 $g\circ f:A\to C$를 모든 $a\in A$에 대해서 다음과 같이 정의하면 이 함수를 f와 g의 합성함수라 한다.

$$(g\circ f)(a)=(g(f(a))$$

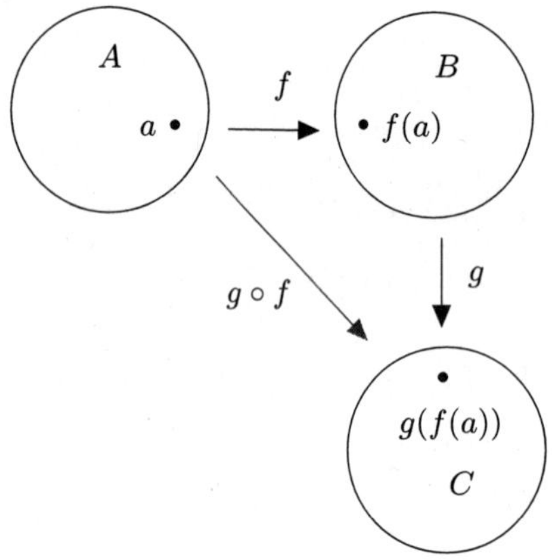

그림 2.2: 합성함수

예 2.3 $f:\mathbb{R}\to\mathbb{R}$, $f(x)=3x-2$이고 $g:\mathbb{R}\to\mathbb{R}$, $g(x)=2x^2$일 때 합성함수값들은 다음과 같다.

(1) $(g\circ f)(x)=g(f(x))=g(3x-2)=2(3x-2)^2=18x^2-24x+8$
(2) $(f\circ g)(x)=f(g(x))=f(2x^2)=3(2x^2)-2=6x^2-2$
(3) $(g\circ g)(x)=2(2x^2)^2=8x^4$
(4) $(f\circ f)(x)=3(3x-2)-2=9x-8$

연습문제 2.3

1. $f : \mathbb{R} \to \mathbb{R}$, $f(x) = 5x + 2$이고 $g : \mathbb{R} \to \mathbb{R}$, $g(x) = \frac{2}{x^2+1}$일 때 다음의 함수값을 계산하시오.
   (1) $(g \circ f)(1)$
   (2) $(f \circ g)(1)$
   (3) $(g \circ g)(x)$
   (4) $(f \circ f)(x)$

2.4 중요한 함수들

주어진 두 개의 집합 사이에 존재하는 함수는 여러 가지가 있지만 그 중에서도 아주 의미있는 중요한 역할을 하는 함수들이 있는데, 이러한 함수들은 주어진 두집합간의 성격을 말해주는 훌륭한 도구이다.

정의 2.4. 함수 $f : A \to B$가 있다고 하자.
(1) f가 모든 $a, a' \in A$에 대해서 $f(a) = f(a')$일 때 $a = a'$를 만족하면 f를 단사함수 (injection)라고 한다.
(2) 모든 $b \in B$에 대해서 $f(a) = b$를 만족하는 $a \in A$가 존재하면 f를 전사함수(surjection)라고 한다. 즉, B의 모든 원소가 빠짐없이 A의 원소와 함께 함수관계의 원소가 된다. 수식으로 표시하면 $f(A) = B$.
(3) f가 단사이고 동시에 전사함수이면 f를 전단사함수(bijection) 또는 일대일 함수 (one-to-one function)라고 한다.

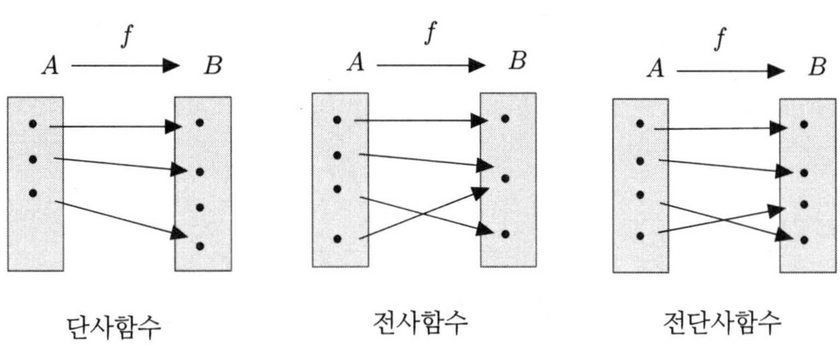

그림 2.3: 단사함수와 전사함수

위에 있는 단사함수의 정의에 대한 그의 대우 역시 참인 명제로서 다음과 같다.

따름정리 2.1

$f : A \to B$가 모든 $a, a' \in A$에 대해서 $a \neq a'$이면 $f(a) \neq f(a')$이 성립하면 함수 f는 단사함수이다.

예 2.4 아래의 함수들은 수학에서 자주 쓰이는 대표적인 함수들이다. 다음을 증명하여라.

(1) 정의역이 음이 아닌 실수들의 집합 $\mathbb{R}_{\geq 0}$인 함수 $f : \mathbb{R}_{\geq 0} \to \mathbb{R}$, $f(x) = \sqrt{x}$는 단사함수이다.

(2) 공역이 $\mathbb{R}_{\geq 0}$인 함수 $f : \mathbb{R} \to \mathbb{R}_{\geq 0}$, $f(x) = x^2$은 전사함수이다.

(3) $a, b \in \mathbb{R}$, $a \neq 0$에 대해서 함수 $f : \mathbb{R} \to \mathbb{R}$, $f(x) = ax + b$는 대표적인 전단사함수이다.

| 증명 | (1) $x, y \in \mathbb{R}$이고 $f(x) = f(y)$라고 하자. 그러면 $\sqrt{x} = \sqrt{y}$일 것이고 따라서 $x = y$가 성립한다.

(2) 공역에 있는 모든 원소 $y \in \mathbb{R}_{\geq 0}$에 대응하는 원소 x를 정의역 $\mathbb{R}$에서 찾아야한다. $y \in \mathbb{R}_{\geq 0}$를 임의의 원소라고 하면 $\sqrt{y} \in \mathbb{R}$가 원하는 원소가 되고, 물론 $-\sqrt{y} \in \mathbb{R}$도 마찬가지이다.

(3) $x, y \in \mathbb{R}$이고 $f(x) = f(y)$라고 하자. 그러면 $ax + b = ay + b$이고 따라서 $x = y$가 된다. 그러므로 f는 단사함수이다. f가 전사함수임을 보이기 위해서 임의의 $y \in \mathbb{R}$이라고 하자. $y = ax + b$로부터 $x = \frac{y-b}{a} \in \mathbb{R}$를 구하면 $f(x) = y$를 만족한다. 따라서 f는 전단사함수이다.

□

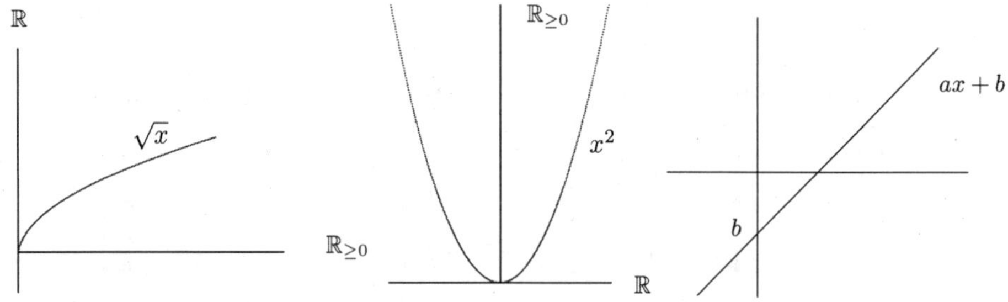

그림 2.4: 예 2.4 함수의 그래프

단사함수는 상당히 중요한 개념 중의 하나이므로 다음에 실수함수가 단사함수가 되기 위한 충분조건을 소개하겠다. 이를 위해 먼저 다음의 내용을 살펴보자. 함수 $f : \mathbb{R} \to \mathbb{R}$이 모든 $x, y \in \mathbb{R}, x < y$에 대해서 $f(x) < f(y)(f(x) > f(y))$가 성립하면 이 함수를 순증가(감소)함수 (strictly increasing(decreasing) function)라고 한다.

예 2.5

(1) 함수 $f : \mathbb{R} \to \mathbb{R}$, $f(x) = x^2$은 순증가함수는 아니지만 $f : \mathbb{R}_{\geq 0} \to \mathbb{R}$, $f(x) = x^2$은 순증가함수이다.

(2) 함수 $f : \mathbb{R} \to \mathbb{R}$, $f(x) = x^3$은 순증가함수이다.

정리 2.2

함수 $f : \mathbb{R} \to \mathbb{R}$이 순증가(감소)함수이면 함수 f는 단사함수이다.

| 증명 | 순증가함수인 경우만 증명해보자. 함수 $f : \mathbb{R} \to \mathbb{R}$이 순증가함수라고 하자. 정의 2.4 (1)에 의해, 임의의 $x, y \in \mathbb{R}$ $x \neq y$라고 하자. 여기서 $x < y$라고 가정을 해도 모순은 안 생길 것이다. 그러면 가정에 의해 $f(x) < f(y)$이고 따라서 $f(x) \neq f(y)$가 된다. □

예 2.6 함수 $f : \mathbb{R}_{\geq 0} \to \mathbb{R}$, $f(x) = \sqrt{x}$는 순증가함수로서 단사함수이다.

참고 2.1 두 집합 A, B 사이에 단사함수가 존재하면 집합 B의 크기가 A의 크기보다 같거나 커야 한다는 것을 바로 알 수 있고, A, B 사이에 전사함수가 존재하면 집합 A의 크기가 B의 크기보다 같거나 커야 한다는 것을 알 수 있다. 따라서 두 집합 A, B사이에 전단사함수가 존재하면 집합 A와 B의 크기가 같다는 결론을 얻을 수 있다.

정리 2.3

두 집합 A, B 사이에 전단사함수가 존재한다 $\longleftrightarrow$ 집합 A와 B의 크기가 같다.

예 2.7 $2\mathbb{N}$을 짝수인 모든 자연수들의 집합이라고 하면 함수 $\mathbb{N} \to 2\mathbb{N}, n \mapsto 2n$은 분명히 전단사 함수이다. 따라서, 비록 짝수인 모든 자연수들의 집합은 자연수 전체의 집합의 진부분집합임이 분명하지만 위의 정리를 이용하여 두 집합의 크기가 같다는 것을 알 수 있다.

연습문제 2.4

1. 예 2.4 (1)의 함수가 단사함수임을 따름정리 2.1을 이용해 증명해 보아라.

2. 함수 $f : \mathbb{R} \to \mathbb{R}$, $f(x) = x^3$은 전단사함수임을 보여라.

3. 다음의 함수 $f : \mathbb{R} \to \mathbb{R}$들에서 단사, 전사 , 전단사함수를 고르시오.
   (1) $f(x) = x - 2$
   (2) $f(x) = x^2 + 1$
   (3) $f(x) = 3^x$
   (4) $f(x) = x^3 - 2x$

4. 다음의 함수들이 단사함수임을 순증가함수(순감소함수) 개념을 이용하여 증명하여라.
   (1) 함수 $f : \mathbb{R} \to \mathbb{R}$, $f(x) = -3x + 2$
   (2) 함수 $f : \mathbb{R} \to \mathbb{R}$, $f(x) = 3^x$

2.5 역함수

다음에서 대단히 중요한 함수인 역함수에 대해서 배운다. 주어진 함수 $f : A \to B$를 집합 A, B의 관계로 파악하면 $f = \{(a, f(a)) \mid a \in A\}$로 나타낼 수 있다. 그런데 B, A위의 관계인 $\{(f(a), a) \mid a \in A\}$가 함수의 관계가 된다는 보장은 없다. 그러면 이 관계가 함수관계가 되려면 f는 어떤 조건을 만족해야 할까? 일단 f가 전사함수가 되어야 한다. 그렇지 않으면 f^{-1}은 정의 2.1 (1)에 의해서 함수가 될 수 없기 때문이다. 또한 f는 역시 정의 2.1 (2)에 의해서 단사함수여야 한다. 이 새로운 함수를 f의 역함수(inverse function)라고 하며 $f^{-1} : B \to A$로 표시한다. 따라서 다음의 정리가 성립한다.

정리 2.4

$f : A \to B$, $f(a) = b$가 전단사함수이면 f의 역함수 $f^{-1} : B \to A$, $f^{-1}(b) = a$가 존재한다.

참고 2.2 $f : A \to B$가 전단사함수이고 정의역과 공역이 같다면 즉 $A = B$라면 함수 $f : A \to A$와 역함수 $f^{-1} : A \to A$의 그래프는 $(a, a') \in f \longleftrightarrow (a', a) \in f^{-1}$에 의해서 대각선 집합 $\Delta = \{(a, a) \mid a \in A\}$를 사이에 두고 대칭이다.

참고 2.3 함수 $f : A \to B$의 역함수가 $f^{-1} : B \to A$이 존재한다면 다음이 성립하는 것은 분명하다.

(1) $(f^{-1})^{-1} = f$.

(2) 모든 $a \in A$와 $b \in B$에 대해서 $(f^{-1} \circ f)(a) = a$와 $(f \circ f^{-1})(b) = b$.

예 2.8

(1) 함수 $f : \mathbb{R} \to \mathbb{R}$, $f(x) = 2x + 1$의 역함수가 존재하는지를 살펴보고 그 역함수를 써라.

(2) 함수 $f : \mathbb{R}_{\geq 0} \to \mathbb{R}$, $f(x) = \sqrt{x}$의 역함수는 존재하지 않는 이유를 설명하고 이것이 역함수가 존재하게끔 공역을 바꾸어 보아라.

|풀이| (1) 예 2.4 (3)에 의해서 f는 전단사함수이고 정리 2.4에 의해 역함수 f^{-1}가 존재한다. 그리고 $y = f(x) = 2x + 1$라면 $x = \frac{1}{2}y - \frac{1}{2}$이 되므로 $f^{-1}(y) = \frac{1}{2}y - \frac{1}{2}$가 원하는 역함수 f^{-1}이다.

(2) $\sqrt{x}$는 항상 음이 아닌 실수가 되기 때문에 이 함수는 전단사가 아니므로 역함수를 가질 수 없다. 따라서 공역을 $\mathbb{R}_{\geq 0}$로 바꾸면 역함수가 존재한다.

□

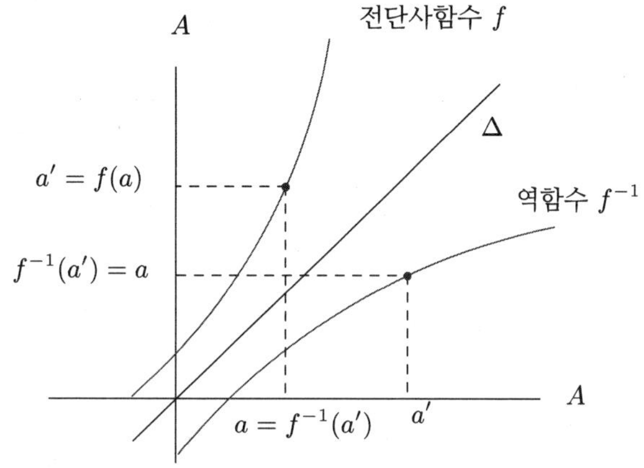

그림 2.5: 대칭관계인 역함수

연습문제 2.5

1. $f : \mathbb{R} \to \mathbb{R}$일 때 다음 함수들의 역함수가 존재하는지를 판별하고 존재하면 그 역함수를 구하고 그렇지 않으면 역함수가 존재할 수 있도록 함수를 바꾸어 보라.

(1) $f(x) = 3x + 7$

(2) $f(x) = \begin{cases} -1, & x \geq 0 \\ -x^2 - 1, & x < 0 \end{cases}$

(3) $f : \mathbb{R} \to \mathbb{R}$, $f(x) = x^2$

2.6 지수함수와 로그함수

지수함수와 로그함수는 서로 역함수 관계에 있는 함수들인데 이 함수들은 천문학이나 생태학 등에서 나타나는 여러 가지 자연현상의 변화를 추정하는데 유용하게 쓰이는 중요한 함수들이다.

a를 1보다 큰 실수하고 하자. 그러면 실수함수 $f : \mathbb{R} \to \mathbb{R}, f(x) = a^x$으로 정의된 함수는 대표적인 단사함수이다. 그러나 전사함수는 아니므로 역함수가 존재하기 위해서 공역 $\mathbb{R}$을 양의 실수들의 모임인 $\mathbb{R}_{>0}$로 대치하면 이 함수는 전단사함수가 되는데 이를 밑(base)이 a인 지수함수(exponential function)라고 한다. 그리고 밑이 a인 지수함수의 역함수 $f^{-1} : \mathbb{R}_{>0} \to \mathbb{R}$을 밑이 a인 로그함수(logarithm)라고 하며 $\log_a$로 나타낸다. 즉, $f^{-1}(y) = \log_a(y)$. 또한 두 함수의 그래프는 직선 $y = x$에 대해서 서로 대칭으로 나타난다.

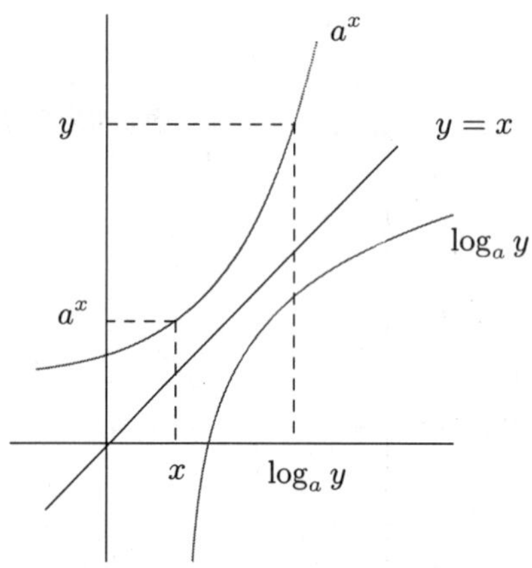

그림 2.6: 지수함수와 로그함수

밑수 $a = 10$일 경우에는 단순히 log으로 표기한다. 참고 2.3 (2)에 의해서 다음이 성립한다.

정리 2.5

지수함수 $f : \mathbb{R} \to \mathbb{R}_{>0}$, $f(x) = a^x$에 대해서 다음이 성립한다.
(1) $(f^{-1} \circ f)(x) = \log_a(f(x)) = \log_a a^x = x$
(2) $(f \circ f^{-1})(x) = f(\log_a(x)) = a^{\log_a x} = x$

지수함수의 밑수인 a는 1보다 큰 모든 실수가 가능하지만, 아주 중요한 밑수로 자연지수 e를 꼽고있다. 자연지수 e는 수학에서

$$\lim_{h \to 0} \frac{a^h - 1}{h} = 1$$

을 만족하는 실수 a로 정의되는데 e의 실제값은 $2.7182818\cdots$로 무리수이다.

정의 2.5. 지수함수 a^x에서 $a = e$로 대치된 함수 $f : \mathbb{R} \to \mathbb{R}_{>0}$, $f(x) = e^x$을 자연지수함수(natural exponential function), 그 역함수를 자연로그함수(natural logarithm function)라고 하며 $\ln : \mathbb{R}_{>0} \to \mathbb{R}$로 표시하고 함수값을 $\ln x$로 나타낸다. 따라서 $\ln e^x =$

x그리고 $e^{\ln x} = x$가 성립한다.

참고 2.4 자연로그함수와 자연지수함수는 서로 역함수로서 다음과 같은 독특한 성질을 갖는다.

(1) $e^0 = 1$이므로 역함수 값은 $\ln 1 = 0$ 그리고 $e^1 = e$이므로 역함수 값은 $\ln e = 1$.

(2) 모든 $x, y \in \mathbb{R}$에 대해서 $x < y$이면 $e^x < e^y$ 그리고 모든 $x, y \in \mathbb{R}_{>0}$에 대해서 $\ln x < \ln y$가 성립한다. 그러므로 $e^x, \ln x$함수는 둘 다 순증가함수이다.

(3) 자연지수함수의 치역은 $e^{\mathbb{R}} = \mathbb{R}_{>0}$이고, 자연로그함수의 치역은 $\ln \mathbb{R}_{>0} = \mathbb{R}$이다, 즉 함수값 e^x는 무한히 커지고, $\ln x$는 무한히 커지고 또한 무한히 작아진다.

(4) 직선 $y = x$에 관해서 대칭이다.

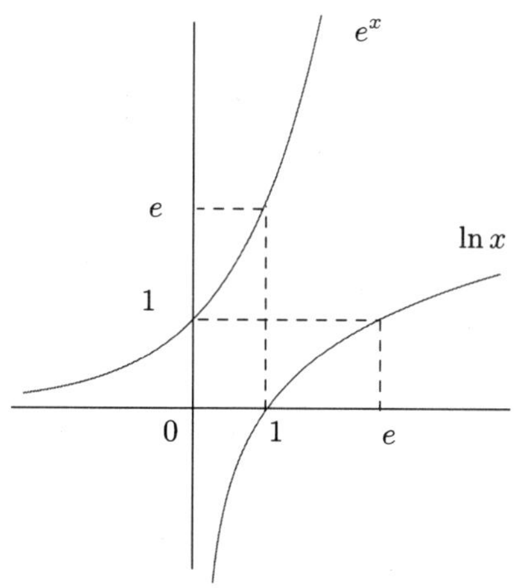

그림 2.7: 자연지수, 자연로그함수의 그래프

다음의 정리는 자연로그함수의 연산에 몇 가지 흥미로운 성질이 있다는 것을 보여준다.

정리 2.6

양수 x와 y에 대해서 다음이 성립한다.

(1) $\ln xy = \ln x + \ln y$

(2) $\ln \frac{1}{x} = -\ln x$

(3) $\ln \frac{x}{y} = \ln x - \ln y$

(4) c가 양수이면 $\ln x^c = c \ln x$

| **증명** | (1) 편의상 $\ln x = a$, $\ln y = b$라고 하자. 그러면 $e^a = x$, $e^y = b$이므로 $xy = e^{a+b}$가 된다. 따라서 $\ln xy = a + b = \ln x + \ln y$가 성립한다.

(2) $\frac{1}{x} = \frac{1}{e^{\ln x}} = e^{-\ln x}$에 의해서 $\ln \frac{1}{x} = -\ln x$.

(3) (1)와 (2)에 의해서 분명하다.

(4) 편의상 $\ln x^c = y$라고 하면 다음이 성립한다.

$$\ln x^c = y \;\longleftrightarrow\; x^c = e^y \;\longleftrightarrow\; x = e^{y/c} \;\longleftrightarrow\; \ln x = \frac{y}{c} \;\longleftrightarrow\; y = c \ln x$$

□

다음의 정리는 로그함수와 자연로그함수의 관계를 나타낸다.

정리 2.7

양수 a와 x에 대해서 다음이 성립한다.

$$a^x = e^{x \ln a}$$

| 증명 | $e^{\ln a^x} = a^x$이고 $\ln a^x = x \ln a$이므로 $a^x = e^{x \ln a}$이다. □

정리 2.8

양수 a와 x에 대해서 다음이 성립한다.

$$\log_a x = \frac{\ln x}{\ln a}$$

| 증명 | 편의상 $\log_a x = y$로 놓으면 $x = a^y$가 성립한다. $a^y = e^{y \ln a}$이므로 $\ln x = y \ln a$가 성립하고 결국 $y = \log_a x = \frac{\ln x}{\ln a}$가 된다. □

예 2.9

(1) $\log 2 = 0.3$, $\log 3 = 0.47$, $\log 5 = 0.69$일 때 log 값은 다음과 같다.

(a) $\log 6 = \log 2 \cdot 3 = \log 2 + \log 3 = 0.3 + 0.47 = 0.77$

(b) $\log \frac{3}{5} = \log 3 - \log 5 = 0.47 - 0.69 = -0.22$

(c) $\log 3^5 = 5 \cdot \log 3 = 5 \cdot 0.47 = 2.35$

(d) $\log_3 6 = \frac{\log 6}{\log 3} = \frac{0.77}{0.47} = 1.63$

(2) 다음의 함수들을 자연지수함수로 나타내면 다음과 같다.

(a) $3^x = e^{x \ln 3}$

(b) $5^{x+1} = e^{(x+1) \ln 5}$

연습문제 2.6

1. 다음 log 값을 계산하라.
   (1) $\log 15 =$
   (2) $\log \frac{3}{8} =$
   (3) $\log 4^5 =$
   (4) $\log_5 9 =$

2. 다음의 함수들을 자연지수함수로 나타내라.
   (1) 2^x
   (2) 7^{x^3+1}
   (3) $3^{\frac{1}{x}}$

3. 다음 방정식을 풀어라.
   (1) $\log_6 2x = 2$
   (2) $\log_3(x^2 - 1) = 1$
   (3) $\ln(x + 3) = 1$

2.7 종합문제

1. $A = \{1, 2\}$, $B = \{a, b, c\}$일 때 모든 단사함수 $f : A \to B$를 써 보아라.

2. 함수 $f : (\mathbb{R} - \{1, -1\}) \to \mathbb{R}$, $f(x) = \frac{1}{x^2-1}$의 치역을 구하여라.

3. 함수 $f : \mathbb{R} \to \mathbb{R}$, $f(x) = x + 2$이고 $g : \mathbb{R} \to \mathbb{R}$, $g(x) = x^2 - 4$일 때
   (1) $\frac{f}{g}$가 함수가 되도록 정의역을 정하여라.
   (2) $\frac{f}{g}$의 치역을 구하여라.

4. 함수 $f : \mathbb{R} \to \mathbb{R}$, $f(x) = 2x - 3$이고 $g : \mathbb{R} \to \mathbb{R}$, $g(x) = x^2$일 때 다음을 계산하라.
   (1) $(f \circ g)(x)$
   (2) $(g \circ f)(x)$
   (3) $(f \circ f)(x)$
   (4) $(g \circ g)(x)$

5. 함수 $f : \mathbb{R} \to \mathbb{R}$와 $g : \mathbb{R} \to \mathbb{R}$이 모두 단사함수이면 $f \circ g$ 역시 단사함수임을 보이고, 함수 f와 g가 모두 순증가함수이면 $f \circ g$역시 순증가함수임을 보여라.

6. 함수 $f : \mathbb{R} \to \mathbb{R}$, $f(x) = 3x - 6$의 역함수를 구하라.

7. 함수 $f : [-1, 1] \to \mathbb{R}$, $f(x) = \sqrt{1 - x^2}$이 역함수를 가질 수 있도록 정의역과 치역을 고쳐보아라.

8. 다음 식을 간단히 하여라
   (1) $3 \ln x - \ln(2x + 1)$
   (2) $\ln x + \ln y^2 - 3 \ln y + \ln 5$

9. 다음 방정식을 풀어라.
   (1) $4e^{2x-3} = 10$
   (2) $3 \ln x^2 - 6 = 0$

Chapter 3
행렬

1844년 독일의 수학자 아이젠슈타인(Eisenstein, 1823–1852)은 선형연립방정식의 풀이와 관련해서 행렬과 그것들의 곱에 대한 개념을 처음으로 생각했다. 이어 1850년대 영국의 변호사 겸 수학자인 실베스터(Sylvester, 1814–1897)와 케일리(Cayley, 1821–1895)는 행렬을 엄밀히 정의하고 기본연산을 소개하기에 이르렀다. 행렬의 도입으로 인해 동시에 여러개의 방정식과 벡터를 체계적으로 다룰 수 있게 되었고 이로인해 순수 및 사회과학, 공학이 기존의 틀을 깨고 비약적인 발전을 이룰 수 있게 되었다고 해도 과언이 아니다. 이번 장에서는 행렬의 정의 및 관련된 연산을 소개하고 기본 성질들을 증명해본다.

3.1 행렬의 정의

이번 절에서는 행렬을 정의하고, 행렬간에 덧셈, 뺄셈, 스칼라곱에 대한 기본적인 성질들을 알아본다.

정의 3.1. m과 n을 자연수라고 하자. 단, $m = n$일 필요는 없다.

(1) mn개의 실수를 아래와 같이 직사각형 행태로 배열해서 괄호로 묶어준 것을 $m \times n$ 행렬(matrix)이라고 부른다.

$$A = \begin{bmatrix} a_{11} & a_{12} & \cdots & a_{1n} \\ a_{21} & a_{22} & \cdots & a_{2n} \\ \vdots & \vdots & \ddots & \vdots \\ a_{m1} & a_{m2} & \cdots & a_{mn} \end{bmatrix} \tag{3.1}$$

이 때 $m \times n$을 행렬의 크기(size)라고 하고 "m by n"이라고 읽는다.

(2) $1 \leq i \leq m$인 각각의 자연수 i에 대해 행렬 A의 i번째 행벡터(row vector)란 위쪽에서부터 i번째 가로줄에 위치한 숫자들로 구성된 다음의 $1 \times n$ 행렬을 뜻한다.

$$\begin{bmatrix} a_{i1} & a_{i2} & \cdots & a_{in} \end{bmatrix}$$

(3) $1 \leq j \leq n$인 각각의 자연수 j에 대해 행렬 A의 j번째 열벡터(column vector)란 왼쪽에서부터 j번째 세로줄에 위치한 숫자들로 구성된 다음의 $m \times 1$ 행렬을 뜻한다.

$$\begin{bmatrix} a_{1j} \\ a_{2j} \\ \vdots \\ a_{mj} \end{bmatrix}$$

(4) 행렬 A의 (i, j) 성분(entry 또는 component)이란 위쪽에서부터 i번째 가로줄, 왼쪽에서부터 j 번째 세로줄에 위치한 숫자인 a_{ij}를 뜻한다.

참고 3.1

(1) 행렬을 지칭할 때는 보통 대문자 $A, B, C, \ldots$ 등을 사용한다.

(2) $1 \times n$ 행렬이나 $m \times 1$ 행렬을 지칭할 때는 보통 소문자 굵은 글씨체 $\mathbf{a}, \mathbf{b}, \mathbf{c}, \ldots$ 등을 사용한다.

(3) 행벡터를 간단히 행(row), 열벡터를 간단히 열(column)이라고 부르기도 한다.

(4) 성분이 구체적인 숫자로 주어지지 않은 추상적인 $m \times n$ 행렬 A를 표현할 때는 (3.1) 표현대신 다음과 같이 간단하게 나타내면 편하다.

$$A = [a_{ij}], \quad A = [a_{ij}]_{m \times n} \quad \text{혹은} \quad A = [a_{ij}]_{1 \leq i \leq m, 1 \leq j \leq n}$$

예 3.1

(1) 다음은 순서대로 크기가 1×1, 2×2, 2×3, 3×3, 4×3인 행렬의 예이다.

$$\begin{bmatrix} 2 \end{bmatrix}, \begin{bmatrix} 2 & -3 \\ 0 & 1 \end{bmatrix}, \begin{bmatrix} 1 & 2 & 0 \\ 2 & 5 & 1 \end{bmatrix}, \begin{bmatrix} 1 & 0 & 1 \\ 0 & -1 & 0 \\ 1 & 1 & 1 \end{bmatrix}, \begin{bmatrix} 4 & 2 & 1 \\ 5 & 1 & 2 \\ 2 & 0 & 1 \\ 8 & 2 & 3 \end{bmatrix}$$

(2) 3×3 행렬 $A = \begin{bmatrix} 0 & 1 & 1 \\ 2 & 0 & 1 \\ -1 & 1 & 4 \end{bmatrix}$의 2번째 행벡터는 $\begin{bmatrix} 2 & 0 & 1 \end{bmatrix}$이고 $(3,1)$ 성분은 -1이다.

(3) $\mathbf{a} = \begin{bmatrix} 0 \\ 1 \\ 0 \end{bmatrix}$은 3×1 행렬이다.

정의 3.2. m, n, p, q를 자연수라고 하고, $A = [a_{ij}]$를 $m \times n$ 행렬, $B = [b_{ij}]$를 $p \times q$ 행렬이라고 하자.

(1) 다음 두 성질이 성립할 때 행렬 A와 B가 같다고 정의한다.

(a) 두 행렬 A와 B는 크기가 같다. 즉, $m = p$이고 $n = q$이다.

(b) 같은 위치에 있는 A와 B의 성분이 같다. 즉, $1 \leq i \leq m$, $1 \leq j \leq n$인 모든 i와 j에 대해 $a_{ij} = b_{ij}$이다.

이 경우, $A = B$라고 표기한다.

(2) 두 행렬 A와 B가 같지 않다면 $A \neq B$로 표기한다.

예 3.2

(1) 행렬 $A = \begin{bmatrix} 1 & 2 \end{bmatrix}$와 $B = \begin{bmatrix} 1 & 2 \end{bmatrix}$는 크기가 둘 다 1×2이고, $(1,1)$성분끼리 같고 $(1,2)$성분끼리 같다. 따라서 $A = B$이다.

(2) 행렬 $C = \begin{bmatrix} 2 & 1 \\ 1 & 1 \end{bmatrix}$과 $D = \begin{bmatrix} 2 & 1 & 0 \\ 1 & 1 & 0 \end{bmatrix}$은 크기가 각각 2×2와 2×3로 다르다. 따라서 $C \neq D$이다.

(3) 행렬 $E = \begin{bmatrix} 1 & 0 \\ 0 & 1 \end{bmatrix}$과 $F = \begin{bmatrix} 1 & 0 \\ 0 & 0 \end{bmatrix}$은 같은 크기 2×2를 가지나 $(2,2)$ 성분이 각각 1과 0으로 다르다. 따라서 $E \neq F$이다.

정의 3.3. $A = [a_{ij}]$와 $B = [b_{ij}]$를 같은 크기 $m \times n$을 가지는 행렬이라고 하자.

(1) 두 행렬의 합 $A + B$는 $m \times n$ 행렬 $C = [c_{ij}]$로서 그 성분이

$$c_{ij} = a_{ij} + b_{ij} \quad (1 \le i \le m,\ 1 \le j \le n)$$

로 정의된다.

(2) 두 행렬의 차 $A - B$는 $m \times n$ 행렬 $D = [d_{ij}]$로서 그 성분이

$$d_{ij} = a_{ij} - b_{ij} \quad (1 \le i \le m,\ 1 \le j \le n)$$

로 정의된다.

(3) 실수 c를 이용한 스칼라곱 cA는 $m \times n$ 행렬 $E = [e_{ij}]$로서 그 성분이

$$e_{ij} = ca_{ij} \quad (1 \le i \le m,\ 1 \le j \le n)$$

로 정의된다.

참고 3.2

(1) 편의상 행렬합 $A + B$, 행렬차 $A - B$, 스칼라곱 cA를 각각

$$A + B = [a_{ij} + b_{ij}], \quad A - B = [a_{ij} - b_{ij}], \quad cA = [ca_{ij}]$$

로 나타내기도 한다.

(2) 크기가 다른 두 행렬의 합과 차는 정의하지 않는다.

(3) 스칼라곱에 사용하는 실수를 스칼라(scalar)라고 부른다.

(4) 스칼라곱을 나타내는 표현 cA에서 c와 A 사이에 점을 찍지 않도록 한다.

예 3.3 $A = \begin{bmatrix} 1 & -1 \\ 2 & 1 \end{bmatrix}$이고 $B = \begin{bmatrix} -1 & -1 \\ 0 & 3 \end{bmatrix}$일 때 $A + B$와 $A - B$를 계산하라.

|풀이|

$$A + B = \begin{bmatrix} 1 & -1 \\ 2 & 1 \end{bmatrix} + \begin{bmatrix} -1 & -1 \\ 0 & 3 \end{bmatrix}$$

$$= \begin{bmatrix} 1 + (-1) & (-1) + (-1) \\ 2 + 0 & 1 + 3 \end{bmatrix}$$

$$= \begin{bmatrix} 0 & -2 \\ 2 & 4 \end{bmatrix}$$

$$A - B = \begin{bmatrix} 1 & -1 \\ 2 & 1 \end{bmatrix} - \begin{bmatrix} -1 & -1 \\ 0 & 3 \end{bmatrix}$$

$$= \begin{bmatrix} 1-(-1) & (-1)-(-1) \\ 2-0 & 1-3 \end{bmatrix}$$

$$= \begin{bmatrix} 2 & 0 \\ 2 & -2 \end{bmatrix}$$

□

예 3.4 $A = \begin{bmatrix} 1 & 2 & 3 \\ 4 & 5 & 6 \end{bmatrix}$이고 $c = 2$일 때 스칼라곱 cA를 계산하라.

| 풀이 |

$$cA = 2\begin{bmatrix} 1 & 2 & 3 \\ 4 & 5 & 6 \end{bmatrix} = \begin{bmatrix} 2\cdot 1 & 2\cdot 2 & 2\cdot 3 \\ 2\cdot 4 & 2\cdot 5 & 2\cdot 6 \end{bmatrix} = \begin{bmatrix} 2 & 4 & 6 \\ 8 & 10 & 12 \end{bmatrix}$$

□

예 3.5 $A = \begin{bmatrix} 1 \\ 4 \end{bmatrix}$이고 $c = -3$일 때 스칼라곱 cA를 계산하라.

| 풀이 |

$$cA = (-3)\begin{bmatrix} 1 \\ 4 \end{bmatrix} = \begin{bmatrix} (-3)\cdot 1 \\ (-3)\cdot 4 \end{bmatrix} = \begin{bmatrix} -3 \\ -12 \end{bmatrix}$$

□

예 3.6 $A = \begin{bmatrix} 1 & 1 \\ 0 & 1 \end{bmatrix}$과 $B = \begin{bmatrix} 3 \\ 4 \end{bmatrix}$는 서로 크기가 다르므로 행렬합 $A+B$와 행렬차 $A-B$는 정의되지 않는다.

실수의 덧셈처럼 행렬의 덧셈도 다음의 교환법칙과 결합법칙을 만족한다.

정리 3.1

$A = [a_{ij}]$, $B = [b_{ij}]$, $C = [c_{ij}]$를 같은 크기 $m \times n$을 가지는 행렬이라 하고, r과 s를 스칼라라고 할 때 다음이 성립한다.
(1) $A+B = B+A$
(2) $(A+B)+C = A+(B+C)$
(3) $(rs)A = r(sA)$

| 증명 | (1) $A+B$와 $B+A$를 각각 $D = [d_{ij}]$와 $E = [e_{ij}]$라고 하자. 그러면 D와 E는 모두 $m \times n$ 행렬로서

$$d_{ij} = a_{ij} + b_{ij}, \quad e_{ij} = b_{ij} + a_{ij} \quad (1 \le i \le m,\ 1 \le j \le n)$$

가 되고, 실수의 덧셈은 교환법칙을 만족하므로 $d_{ij} = e_{ij}$임을 관찰할 수 있다. 따라서 $D = E$, 즉 $A+B = B+A$가 성립한다.

(2) 실수의 덧셈은 결합법칙을 만족한다는 사실을 이용해 다음을 유도할 수 있다.

$$\begin{aligned}(A+B)+C &= ([a_{ij}]+[b_{ij}])+[c_{ij}] \\ &= [a_{ij}+b_{ij}]+[c_{ij}] \\ &= [(a_{ij}+b_{ij})+c_{ij}] \\ &= [a_{ij}+(b_{ij}+c_{ij})] \\ &= [a_{ij}]+[b_{ij}+c_{ij}] \\ &= A+(B+C)\end{aligned}$$

따라서 $(A+B)+C = A+(B+C)$가 성립한다.

(3) 또한 실수의 곱셈은 결합법칙을 만족한다는 사실을 이용해 다음을 유도할 수 있다.

$$(rs)A = (rs)\,[a_{ij}] = [(rs)a_{ij}] = [r(sa_{ij})] = r\,[sa_{ij}] = r(s\,[a_{ij}]) = r(sA)$$

따라서 $(rs)A = r(sA)$가 성립한다.

□

정의 3.4. $A = [a_{ij}]$가 $m \times n$ 행렬일 때 A의 전치행렬(transpose)이란 $n \times m$ 행렬 $A^T = [b_{ij}]$로서 그 성분이

$$b_{ij} = a_{ji} \quad (1 \le i \le n,\ 1 \le j \le m)$$

로 정의된다.

참고 3.3

(1) A^T는 "A transpose"라고 읽는다.

(2) 관례적으로 행렬의 성분에 사용하는 첨자인 i와 j는 각각 행과 열을 가리키므로 $A^T = [a_{ji}]$라고 표현하는 것은 큰 혼란을 야기한다. 이 표현은 사용하지 않도록 한다.

예 3.7

(1) $A = \begin{bmatrix} 1 & 0 & 1 \\ 2 & 3 & -4 \end{bmatrix}$일 때 $A^T = \begin{bmatrix} 1 & 2 \\ 0 & 3 \\ 1 & -4 \end{bmatrix}$가 된다.

(2) $B = \begin{bmatrix} 0 & 3 & 8 \end{bmatrix}$일 때 $B^T = \begin{bmatrix} 0 \\ 3 \\ 8 \end{bmatrix}$이 된다.

(3) $C = \begin{bmatrix} 4 \\ 3 \end{bmatrix}$일 때 $C^T = \begin{bmatrix} 4 & 3 \end{bmatrix}$이 된다.

정리 3.2

$m \times n$ 행렬 $A = [a_{ij}]$에 대해

$$(A^T)^T = A$$

가 성립한다.

| **증명** | 편의상

$$A^T = [b_{ij}]_{n \times m}, \quad (A^T)^T = [c_{ij}]_{m \times n}$$

라고 하면

$$c_{ij} = b_{ji} = a_{ij} \quad (1 \le i \le m,\ 1 \le j \le m)$$

임을 알 수 있다. 따라서 $(A^T)^T = A$가 성립한다. □

연습문제 3.1

1. $A = \begin{bmatrix} 2 & 3 & 4 \\ \\ 1 & 3 & 1 \end{bmatrix}$, $B = \begin{bmatrix} 0 & 2 & 7 \\ \\ -1 & 3 & -5 \end{bmatrix}$, $c = -2$일 때 다음을 계산하라.
   (1) $A + B$
   (2) $A - B$
   (3) cA
   (4) cB
   (5) $2A^T + 3B^T$

2. $A = [a_{ij}]$와 $B = [b_{ij}]$는 둘 다 $m \times n$ 행렬이고, c와 d는 스칼라일 때 다음을 증명하라.
   (1) $A + (-1)B = A - B$
   (2) $(A + B)^T = A^T + B^T$
   (3) $(c + d)A = cA + dA$
   (4) $c(A + B) = cA + cB$

3.2 행렬의 곱셈

이번 절에서는 다소 까다로운 행렬의 곱셈을 정의하고 이에 대한 결합법칙을 증명해본다.

정의 3.5. n을 자연수라고 하고 $\mathbb{R}$을 모든 실수들의 집합이라고 하자. 특별히 크기가 $n \times 1$인 행렬을 n-벡터라고 부르고 모든 n-벡터들의 집합을 $\mathbb{R}^n$으로 표기한다. 즉

$$\mathbb{R}^n = \left\{ \begin{bmatrix} a_1 \\ \\ a_2 \\ \vdots \\ \\ a_n \end{bmatrix} \mid a_1,\ a_2,\ \ldots,\ a_n \in \mathbb{R} \right\}$$

라고 정의하자.

참고 3.4 n-벡터 $\begin{bmatrix} a_1 \\ a_2 \\ \vdots \\ a_n \end{bmatrix}$의 또다른 표현으로 $(a_1,\ a_2,\ \ldots,\ a_n)$이 있다.

정의 3.6. 두 n-벡터 $\mathbf{a} = \begin{bmatrix} a_1 \\ a_2 \\ \vdots \\ a_n \end{bmatrix}$과 $\mathbf{b} = \begin{bmatrix} b_1 \\ b_2 \\ \vdots \\ b_n \end{bmatrix}$의 내적(inner product)이란 $\mathbf{a} \cdot \mathbf{b}$로 표기하고 다음과 같은 실수로 정의한다.

$$\mathbf{a} \cdot \mathbf{b} = a_1 b_1 + a_2 b_2 + \cdots + a_n b_n$$

참고 3.5

(1) 시그마 기호를 사용하면 다음과 같이 내적을 표현할 수 있다.

$$\mathbf{a} \cdot \mathbf{b} = \sum_{i=1}^{n} a_i b_i$$

(2) $\mathbf{a} \cdot \mathbf{b}$와 $\mathbf{b} \cdot \mathbf{a}$는 서로 같다. 즉

$$\mathbf{a} \cdot \mathbf{b} = a_1 b_1 + a_2 b_2 + \cdots + a_n b_n = b_1 a_1 + b_2 a_2 + \cdots + b_n a_n = \mathbf{b} \cdot \mathbf{a}$$

를 유도할 수 있다.

(3) n과 m이 서로 다른 자연수일 때 n-벡터와 m-벡터간에 내적은 정의하지 않는다.

예 3.8 $\mathbf{a} = \begin{bmatrix} 2 \\ 1 \end{bmatrix}$이고 $\mathbf{b} = \begin{bmatrix} 3 \\ 5 \end{bmatrix}$일 때 $\mathbf{a} \cdot \mathbf{b}$를 계산하라.

| 풀이 |

$$\mathbf{a} \cdot \mathbf{b} = \begin{bmatrix} 2 \\ 1 \end{bmatrix} \cdot \begin{bmatrix} 3 \\ 5 \end{bmatrix} = 2 \cdot 3 + 1 \cdot 5 = 11$$

□

예 3.9 $\mathbf{a} = \begin{bmatrix} 1 \\ 0 \\ -1 \end{bmatrix}$ 이고 $\mathbf{b} = \begin{bmatrix} -2 \\ 3 \\ 4 \end{bmatrix}$ 일 때 $\mathbf{a} \cdot \mathbf{b}$를 계산하라.

|**풀이**|

$$\mathbf{a} \cdot \mathbf{b} = \begin{bmatrix} 1 \\ 0 \\ -1 \end{bmatrix} \cdot \begin{bmatrix} -2 \\ 3 \\ 4 \end{bmatrix} = 1 \cdot (-2) + 0 \cdot 3 + (-1) \cdot 4 = -6$$

□

예 3.10 $\mathbf{a} = \begin{bmatrix} 2 \\ x \end{bmatrix}$ 이고 $\mathbf{b} = \begin{bmatrix} 4 \\ -2 \end{bmatrix}$ 라고 하자. 이 때 $\mathbf{a} \cdot \mathbf{b} = 16$을 만족하는 실수 x는 무엇일까?

|**풀이**| 내적의 정의에 따라

$$16 = \mathbf{a} \cdot \mathbf{b} = \begin{bmatrix} 2 \\ x \end{bmatrix} \cdot \begin{bmatrix} 4 \\ -2 \end{bmatrix} = 8 - 2x$$

이므로 $x = -4$임을 찾아낼 수 있다. □

정의 3.7. m, ℓ, n을 자연수라고 하자. $A = [a_{ij}]$를 $m \times \ell$ 행렬, $B = [b_{ij}]$를 $\ell \times n$ 행렬이라고 할 때 두 행렬의 곱 AB는 $m \times n$ 행렬 $C = [c_{ij}]$로서 그 성분이

$$c_{ij} = a_{i1}b_{1j} + a_{i2}b_{2j} + \cdots + a_{i\ell}b_{\ell j} \quad (1 \le i \le m,\ 1 \le j \le n)$$

로 정의된다.

참고 3.6

(1) 행렬 A의 열의 개수와 행렬 B의 행의 개수가 같을 때만 행렬곱 AB를 정의한다.

(2) 행렬곱을 뜻하는 AB 표현에서 A와 B 사이에 절대로 (곱하기를 뜻하는) 점을 찍지 않도록 한다. 점을 찍는 경우는 실수들을 곱할 때나 n-벡터들을 내적할 때 뿐이다.

(3) 성분 c_{ij}를 시그마 기호를 사용해서 나타내면 다음과 같다.

$$c_{ij} = \sum_{k=1}^{\ell} a_{ik} b_{kj}$$

(4) 절대로 $AB = [a_{ij}]\,[b_{ij}] = [a_{ij}b_{ij}]$라고 하면 안된다. AB의 (i, j)성분은 단순히 $a_{ij}b_{ij}$가 아니다.

(5) $1 \le i \le m$인 각각의 자연수 i에 대해 $\mathbf{a}_i$를 행렬 A의 i번째 행벡터라고 하고, $1 \le j \le n$인 각각의 자연수 j에 대해 $\mathbf{b}_j$를 행렬 B의 j번째 열벡터라고 하자. 즉

$$\mathbf{a}_i = \begin{bmatrix} a_{i1} & a_{i2} & \cdots & a_{i\ell} \end{bmatrix}, \quad \mathbf{b}_j = \begin{bmatrix} b_{1j} \\ b_{2j} \\ \vdots \\ b_{\ell j} \end{bmatrix}$$

라고 할 때 두 ℓ-벡터 $\mathbf{a}_i^T$와 $\mathbf{b}_j$의 내적은

$$\mathbf{a}_i^T \cdot \mathbf{b}_j = \begin{bmatrix} a_{i1} \\ a_{i2} \\ \vdots \\ a_{i\ell} \end{bmatrix} \cdot \begin{bmatrix} b_{1j} \\ b_{2j} \\ \vdots \\ b_{\ell j} \end{bmatrix} = a_{i1}b_{1j} + a_{i2}b_{2j} + \cdots + a_{i\ell}b_{\ell j}$$

가 된다. 따라서 다음을 얻게 된다.

$$AB = \begin{bmatrix} \mathbf{a}_1^T \cdot \mathbf{b}_1 & \mathbf{a}_1^T \cdot \mathbf{b}_2 & \cdots & \mathbf{a}_1^T \cdot \mathbf{b}_n \\ \mathbf{a}_2^T \cdot \mathbf{b}_1 & \mathbf{a}_2^T \cdot \mathbf{b}_2 & \cdots & \mathbf{a}_2^T \cdot \mathbf{b}_n \\ \vdots & \vdots & \ddots & \vdots \\ \mathbf{a}_m^T \cdot \mathbf{b}_1 & \mathbf{a}_m^T \cdot \mathbf{b}_2 & \cdots & \mathbf{a}_m^T \cdot \mathbf{b}_n \end{bmatrix}$$

예 3.11 $A = \begin{bmatrix} 2 & 1 \end{bmatrix}$이고 $B = \begin{bmatrix} 4 \\ 5 \end{bmatrix}$일 때 행렬곱 AB가 정의되면 그것을 계산하라.

| 풀이 | A와 B는 크기가 각각 1×2, 2×1이므로 행렬곱 AB가 정의되고, 그것은 1×1 행렬로서 다음과 같이 계산할 수 있다.

$$AB = \begin{bmatrix} 2 & 1 \end{bmatrix}\begin{bmatrix} 4 \\ 5 \end{bmatrix} = \begin{bmatrix} 2\cdot4+1\cdot5 \end{bmatrix} = \begin{bmatrix} 13 \end{bmatrix}$$

□

예 3.12 $A = \begin{bmatrix} 1 & 2 & -1 \\ 3 & 4 & 2 \end{bmatrix}$이고 $B = \begin{bmatrix} -2 & 5 \\ 1 & 0 \\ 3 & 2 \end{bmatrix}$일 때 행렬곱 AB가 정의되면 그것을 계산하라.

| 풀이 | A와 B는 크기가 각각 2×3, 3×2이므로 행렬곱 AB가 정의되고, 그것은 2×2 행렬로서 다음과 같이 계산할 수 있다.

$$\begin{aligned} AB &= \begin{bmatrix} 1 & 2 & -1 \\ 3 & 4 & 2 \end{bmatrix}\begin{bmatrix} -2 & 5 \\ 1 & 0 \\ 3 & 2 \end{bmatrix} \\ &= \begin{bmatrix} 1\cdot(-2)+2\cdot1+(-1)\cdot3 & 1\cdot5+2\cdot0+(-1)\cdot2 \\ 3\cdot(-2)+4\cdot1+2\cdot3 & 3\cdot5+4\cdot0+2\cdot2 \end{bmatrix} \\ &= \begin{bmatrix} -3 & 3 \\ 4 & 19 \end{bmatrix} \end{aligned}$$

□

예 3.13 구체적인 예를 통해 실수 곱셈과는 달리 같은 크기의 정방행렬간에 곱셈은 교환법칙을 만족하지 않음을 보여라.

|풀이| $A = \begin{bmatrix} 1 & 0 \\ 0 & 0 \end{bmatrix}$이고 $B = \begin{bmatrix} 0 & 1 \\ 0 & 0 \end{bmatrix}$일 때

$$AB = \begin{bmatrix} 1 & 0 \\ 0 & 0 \end{bmatrix} \begin{bmatrix} 0 & 1 \\ 0 & 0 \end{bmatrix} = \begin{bmatrix} 1 \cdot 0 + 0 \cdot 0 & 1 \cdot 1 + 0 \cdot 0 \\ 0 \cdot 0 + 0 \cdot 0 & 0 \cdot 1 + 0 \cdot 0 \end{bmatrix} = \begin{bmatrix} 0 & 1 \\ 0 & 0 \end{bmatrix}$$

인 반면

$$BA = \begin{bmatrix} 0 & 1 \\ 0 & 0 \end{bmatrix} \begin{bmatrix} 1 & 0 \\ 0 & 0 \end{bmatrix} = \begin{bmatrix} 0 \cdot 1 + 1 \cdot 0 & 0 \cdot 0 + 1 \cdot 0 \\ 0 \cdot 1 + 0 \cdot 0 & 0 \cdot 0 + 0 \cdot 0 \end{bmatrix} = \begin{bmatrix} 0 & 0 \\ 0 & 0 \end{bmatrix}$$

이 된다. 따라서 $AB \neq BA$이다. □

하지만 아래의 정리에서 보듯이 세 행렬간에 곱셈이 정의되면 결합법칙이 성립하게 된다.

정리 3.3

m, p, q, n을 자연수라고 하자. 이 때 세 행렬

$$A = [a_{ij}]_{m \times p}, \quad B = [b_{ij}]_{p \times q}, \quad C = [c_{ij}]_{q \times n}$$

에 대해

$$(AB)C = A(BC)$$

가 성립한다. 즉, 행렬 곱셈은 결합법칙을 만족한다.

|증명| 편의상

$$AB = [d_{ij}]_{m \times q}, \ (AB)C = [e_{ij}]_{m \times n}, \ BC = [f_{ij}]_{p \times n}, \ A(BC) = [g_{ij}]_{m \times n}$$

라고 두자. $(AB)C$와 $A(BC)$ 둘 다 $m \times n$행렬인데 (i, j) 성분에 대해 각각 생각해보면 $(1 \leq i \leq m, 1 \leq j \leq n)$

$$\begin{aligned} e_{ij} &= \sum_{k=1}^{q} d_{ik} c_{kj} \\ &= \sum_{k=1}^{q} \left(\sum_{r=1}^{p} a_{ir} b_{rk} \right) c_{kj} \\ &= \sum_{k=1}^{q} \sum_{r=1}^{p} (a_{ir} b_{rk} c_{kj}) \end{aligned}$$

이고

$$\begin{aligned} g_{ij} &= \sum_{r=1}^{p} a_{ir} f_{rj} \\ &= \sum_{r=1}^{p} a_{ir} \left(\sum_{k=1}^{q} b_{rk} c_{kj} \right) \\ &= \sum_{r=1}^{p} \sum_{k=1}^{q} (a_{ir} b_{rk} c_{kj}) \\ &= \sum_{k=1}^{q} \sum_{r=1}^{p} (a_{ir} b_{rk} c_{kj}) \end{aligned}$$

이므로 서로 같다. 따라서 $(AB)C = A(BC)$가 성립한다. □

연습문제 3.2

1. $A = \begin{bmatrix} 1 & 2 & 4 \\ 2 & 0 & 6 \end{bmatrix}$이고 $B = \begin{bmatrix} 0 & -1 & 3 & 1 \\ 2 & 7 & 5 & 2 \\ 4 & 4 & 1 & 3 \end{bmatrix}$일 때 AB를 계산하라.

2. $A = \begin{bmatrix} 1 & 2 \\ 3 & 0 \\ -2 & 5 \end{bmatrix}$이고 $B = \begin{bmatrix} -1 & 0 \\ 2 & 3 \end{bmatrix}$일 때 다음을 계산하라.
   (1) AB
   (2) $B^T A^T$

3. A는 $m \times \ell$ 행렬, B는 $\ell \times n$ 행렬, c는 스칼라일 때 다음을 증명하라.
   (1) $c(AB) = (cA)B$
   (2) $c(AB) = A(cB)$

3.3 항등행렬과 영행렬

실수에는 덧셈에 대한 항등원인 0이 있고, 곱셈에 대한 항등원인 1이 있다. 이번 절에서는 행렬에서 이와 비슷한 역할을 하는 항등행렬과 영행렬에 대해 소개한다.

정의 3.8. $A = [a_{ij}]$를 $m \times n$ 행렬이라고 하자.

(1) A의 행의 개수와 열의 개수가 같을 때, 즉 $m = n$일 때 A를 정방행렬(square matrix)이라고 부른다.

(2) A가 정방행렬일 때 성분 a_{11}, a_{22}, $\ldots$, a_{nn}이 위치하고 있는 자리를 정방행렬 A의 주대각선(main diagonal)이라고 부른다.

(3) A가 다음 두 가지 성질을 만족할 때 대각행렬(diagonal matrix)이라고 부른다.

(a) A는 정방행렬이다.

(b) A의 주대각선에 위치하지 않는 성분은 모두 0이다. 즉, $i \neq j$이면 $a_{ij} = 0$이다.

참고 3.7

(1) 크기가 $n \times n$인 정방행렬을 n차 정방행렬이라고 부르기도 한다.

(2) 정방행렬을 정사각행렬 또는 정사각형 행렬이라고 부르기도 한다.

(3) 크기가 같은 정방행렬을 곱하면 여전히 같은 크기의 정방행렬이 된다.

예 3.14

(1) 행렬 $A = \begin{bmatrix} 1 & 0 \end{bmatrix}$은 정방행렬이 아니다. 따라서 대각행렬도 될 수 없다.

(2) 다음은 정방행렬의 예이다. 세 번째를 제외한 모든 행렬은 대각행렬이다.

$$\begin{bmatrix} 2 \end{bmatrix}, \quad \begin{bmatrix} 1 & 0 \\ 0 & 2 \end{bmatrix}, \quad \begin{bmatrix} 1 & 2 \\ 3 & -6 \end{bmatrix}, \quad \begin{bmatrix} 0 & 0 \\ 0 & -1 \end{bmatrix}, \quad \begin{bmatrix} 3 & 0 & 0 \\ 0 & 4 & 0 \\ 0 & 0 & 3 \end{bmatrix}$$

정의 3.9. n을 자연수라고 하자.

(1) $n \times n$ 영행렬(zero matrix) O_n이란 모든 성분이 0인 $n \times n$ 정방행렬

$$O_n = \begin{bmatrix} 0 & 0 & \cdots & 0 \\ 0 & 0 & \cdots & 0 \\ \vdots & \vdots & \ddots & \vdots \\ 0 & 0 & \cdots & 0 \end{bmatrix}$$

으로 정의된다.

(2) $n \times n$ 항등행렬(identity matrix) I_n이란 주대각선에 있는 모든 성분이 1인 $n \times n$ 행렬

$$I_n = \begin{bmatrix} 1 & 0 & \cdots & 0 \\ 0 & 1 & \cdots & 0 \\ \vdots & \vdots & \ddots & \vdots \\ 0 & 0 & \cdots & 1 \end{bmatrix}$$

로 정의된다.

참고 3.8

(1) 임의의 $n \times n$ 정방행렬 A에 대해

$$A + O_n = A, \quad O_n + A = A$$

가 성립함을 쉽게 알 수 있다.

(2) 행렬의 크기가 명확한 경우는 O_n과 I_n 대신 간단히 O와 I로 표기하기도 한다.

예 3.15 다음은 항등행렬의 예이다.

$$I_1 = \begin{bmatrix} 1 \end{bmatrix}, \quad I_2 = \begin{bmatrix} 1 & 0 \\ 0 & 1 \end{bmatrix}, \quad I_3 = \begin{bmatrix} 1 & 0 & 0 \\ 0 & 1 & 0 \\ 0 & 0 & 1 \end{bmatrix}, \quad I_4 = \begin{bmatrix} 1 & 0 & 0 & 0 \\ 0 & 1 & 0 & 0 \\ 0 & 0 & 1 & 0 \\ 0 & 0 & 0 & 1 \end{bmatrix}$$

예 3.16 $A = \begin{bmatrix} 1 & 2 & 3 \\ 4 & 5 & 6 \end{bmatrix}$이라고 할 때 $I_2A = A$와 $AI_3 = A$가 성립함을 확인하라.

| 풀이 |

$$I_2A = \begin{bmatrix} 1 & 0 \\ 0 & 1 \end{bmatrix} \begin{bmatrix} 1 & 2 & 3 \\ 4 & 5 & 6 \end{bmatrix}$$

$$= \begin{bmatrix} 1\cdot 1+0\cdot 4 & 1\cdot 2+0\cdot 5 & 1\cdot 3+0\cdot 6 \\ 0\cdot 1+1\cdot 4 & 0\cdot 2+1\cdot 5 & 0\cdot 3+1\cdot 6 \end{bmatrix}$$

$$= \begin{bmatrix} 1 & 2 & 3 \\ 4 & 5 & 6 \end{bmatrix}$$

$$= A$$

$$AI_3 = \begin{bmatrix} 1 & 2 & 3 \\ 4 & 5 & 6 \end{bmatrix} \begin{bmatrix} 1 & 0 & 0 \\ 0 & 1 & 0 \\ 0 & 0 & 1 \end{bmatrix}$$

$$= \begin{bmatrix} 1\cdot 1+2\cdot 0+3\cdot 0 & 1\cdot 0+2\cdot 1+3\cdot 0 & 1\cdot 0+2\cdot 0+3\cdot 1 \\ 4\cdot 1+5\cdot 0+6\cdot 0 & 4\cdot 0+5\cdot 1+3\cdot 0 & 4\cdot 0+5\cdot 0+6\cdot 1 \end{bmatrix}$$

$$= \begin{bmatrix} 1 & 2 & 3 \\ 4 & 5 & 6 \end{bmatrix}$$

$$= A$$

□

예 3.17 실수 체계에서는 0이 아닌 두 수의 곱은 여전히 0이 아닌 반면 영행렬이 아닌 같은 크기의 두 정방행렬의 곱은 영행렬이 될 수도 있다. 예를 하나 들어라.

| 풀이 | $A = \begin{bmatrix} 0 & 0 \\ 0 & 1 \end{bmatrix}$이고 $B = \begin{bmatrix} 0 & 1 \\ 0 & 0 \end{bmatrix}$이라고 하면

$$AB = \begin{bmatrix} 0 & 0 \\ 0 & 1 \end{bmatrix} \begin{bmatrix} 0 & 1 \\ 0 & 0 \end{bmatrix}$$

$$= \begin{bmatrix} 0\cdot 0+0\cdot 0 & 0\cdot 1+0\cdot 0 \\ 0\cdot 0+1\cdot 0 & 0\cdot 1+1\cdot 0 \end{bmatrix}$$

$$= \begin{bmatrix} 0 & 0 \\ 0 & 0 \end{bmatrix}$$

가 된다. □

정리 3.4

임의의 $m \times n$ 행렬 $A = [a_{ij}]$에 대해 다음이 성립한다.

(1) $I_m A = A$

(2) $AI_n = A$

(3) $O_m A$는 $m \times n$ 행렬로서 모든 성분이 0이다.

(4) AO_n은 $m \times n$ 행렬로서 모든 성분이 0이다.

| **증명** | (1) 편의상 $I_m = [e_{ij}]_{m \times m}$라고 두면

$$e_{ij} = \begin{cases} i = j\text{일 때} & 1, \\ i \neq j\text{일 때} & 0 \end{cases}$$

이 된다. 따라서 $I_m A = [b_{ij}]_{m \times n}$라고 하면

$$b_{ij} = \sum_{k=1}^{m} e_{ik} a_{kj} = e_{ii} a_{ij} = a_{ij} \quad (1 \leq i \leq m,\ 1 \leq j \leq n)$$

가 된다. 이로부터 $I_m A = A$임을 알 수 있다.

(2)–(4)의 증명은 연습문제로 남긴다. □

정의 3.10. 정방행렬 A가 조건 $A^T = A$를 만족할 때 대칭행렬(symmetric matrix)이라고 부른다.

참고 3.9 $A = [a_{ij}]$를 $n \times n$ 정방행렬이라고 하자. $A^T = [b_{ij}]$라고 하면

$$b_{ij} = a_{ji} \quad (1 \leq i,\ j \leq n)$$

이므로 A가 대칭행렬이 될 필요충분조건은

$$a_{ji} = a_{ij} \quad (1 \leq i,\ j \leq n)$$

임을 알 수 있다.

연습문제 3.3

1. 정리 3.4의 (2), (3), (4)를 증명하라.

2. A를 $m \times \ell$ 행렬, B를 $\ell \times n$ 행렬이라고 하자. B의 열벡터를 $\mathbf{b}_1$, $\mathbf{b}_2$, $\ldots$, $\mathbf{b}_n$이라고 할 때 AB의 열벡터는 $A\mathbf{b}_1$, $A\mathbf{b}_2$, $\ldots$, $A\mathbf{b}_n$임을 보여라.

3.4 기약사다리꼴 행렬

이번 절에서는 기약사다리꼴 행렬을 소개하고, 기본행연산을 통해 주어진 행렬을 기약사다리꼴 행렬로 변형시킬 수 있음을 설명한다.

정의 3.11. A를 $m \times n$ 행렬이라고 하자.
(1) A의 행벡터 중 모든 성분이 0인 것이 있다면 그 행벡터를 영행벡터(zero row)라고 부른다.
(2) A의 열벡터 중 모든 성분이 0인 것이 있다면 그 열벡터를 영열벡터(zero column)라고 부른다.

정의 3.12. $m \times n$ 행렬 A가 다음 네 가지 조건을 만족할 때 기약사다리꼴(reduced row echelon form)이라고 부른다.
(1) 영행벡터가 있다면 그것들은 행렬의 바닥쪽에 모여있다.
(2) 영행벡터가 아닌 행벡터가 있다면 그 행벡터의 성분 중 (왼쪽부터 살폈을 때) 최초로 0 이 아닌 성분은 1이다. 그 성분 1을 선행1(leading one)이라고 부른다.
(3) 영행벡터가 아닌 행벡터 두 개가 연속할 때 아래 행벡터의 선행1은 위 행벡터의 선행1 보다 더 오른쪽에 위치한다.
(4) 선행1을 포함하는 열벡터가 있다면 그 열벡터의 나머지 모든 성분은 0이다.

참고 3.10

(1) 행렬 A가 조건 (1), (2), (3)을 만족할 때 사다리꼴(row echelon form)이라고 부른다.

(2) 사다리꼴 대신에 (한 칸씩 내려가는) 계단형태라고 부르기도 한다.

(3) 모든 성분이 0인 행렬도 기약사다리꼴로 본다.

예 3.18

(1) 다음은 기약사다리꼴 행렬의 예이다. 색칠한 1은 선행1을 뜻한다.

$$\begin{bmatrix} 1 \end{bmatrix}, \begin{bmatrix} 0 & 0 \\ 0 & 0 \end{bmatrix}, \begin{bmatrix} 0 & 1 \\ 0 & 0 \end{bmatrix}, \begin{bmatrix} 1 & 0 \\ 0 & 1 \end{bmatrix}$$

$$\begin{bmatrix} 0 & 1 & 0 \\ 0 & 0 & 1 \end{bmatrix}, \begin{bmatrix} 1 & 2 & 1 \\ 0 & 0 & 0 \end{bmatrix}, \begin{bmatrix} 1 & 0 & 0 & 4 \\ 0 & 1 & 0 & 7 \\ 0 & 0 & 1 & -1 \end{bmatrix}$$

$$\begin{bmatrix} 1 & 3 & 0 & -1 & 0 \\ 0 & 0 & 1 & 2 & 0 \\ 0 & 0 & 0 & 0 & 1 \end{bmatrix}, \begin{bmatrix} 0 & 1 & -2 & 0 & 1 \\ 0 & 0 & 0 & 1 & 4 \\ 0 & 0 & 0 & 0 & 0 \\ 0 & 0 & 0 & 0 & 0 \end{bmatrix}$$

(2) $\begin{bmatrix} 0 & 0 & 0 \\ 1 & 1 & 0 \\ 0 & 0 & 0 \end{bmatrix}$는 조건 (1)을 만족하지 않으므로 기약사다리꼴이 아니다.

(3) $\begin{bmatrix} 2 & 0 \\ 0 & 1 \end{bmatrix}$는 조건 (2)를 만족하지 않으므로 기약사다리꼴이 아니다.

(4) $\begin{bmatrix} 0 & 1 & 0 \\ 1 & 0 & 2 \end{bmatrix}$는 조건 (3)을 만족하지 않으므로 기약사다리꼴이 아니다.

(5) $\begin{bmatrix} 1 & 0 & -1 \\ 0 & 0 & 1 \\ 0 & 0 & 0 \end{bmatrix}$는 조건 (4)를 만족하지 않으므로 기약사다리꼴이 아니다.

정의 3.13. A를 $m \times n$ 행렬이라고 하자. 행렬 A에 대한 다음 세 가지 유형의 물리적 작용을 기본행연산(elementary row operation)이라고 부른다.

(첫 번째 유형) A의 두 행벡터를 서로 바꾼다.

(두 번째 유형) A의 한 행벡터에 0이 아닌 스칼라를 이용해 스칼라곱을 한다.

(세 번째 유형) A의 한 행벡터에 스칼라곱한 것을 또다른 행벡터에 더한다. 단, 스칼라곱을 하는 행벡터는 원래 행벡터 그대로 둔다.

주어진 행렬을 여러차례 기본행연산을 통해 기약사다리꼴 행렬로 변형시킬 수 있다는 것이 잘 알려져 있다. 다음의 예를 통해 이 사실을 확인해본다.

예 3.19 행렬 $A = \begin{bmatrix} 0 & 0 & 1 & 2 \\ 2 & 3 & 0 & -2 \\ 4 & 4 & 8 & -12 \end{bmatrix}$에 기본행연산을 연쇄적으로 행해서 기약사다리꼴 행렬로 만들어라.

| 풀이 | 편의상 $A_0 = A$라고 놓자.

단계 1) (첫 번째 유형) A_0의 첫 번째 행벡터와 세 번째 행벡터를 서로 바꾸면 새로운 행렬

$$A_1 = \begin{bmatrix} 4 & 4 & 8 & -12 \\ 2 & 3 & 0 & -2 \\ 0 & 0 & 1 & 2 \end{bmatrix}$$

를 얻는다.

단계 2) (두 번째 유형) A_1의 첫 번째 행벡터에 $\frac{1}{4}$를 이용해 스칼라곱을 해주면 새로운 행렬

$$A_2 = \begin{bmatrix} 1 & 1 & 2 & -3 \\ 2 & 3 & 0 & -2 \\ 0 & 0 & 1 & 2 \end{bmatrix}$$

를 얻는다.

단계 3) (세 번째 유형) A_2의 첫 번째 행벡터에 (-2)를 이용해 스칼라곱한 것을 두 번째

행벡터에 더하면 새로운 행렬

$$A_3 = \begin{bmatrix} 1 & 1 & 2 & -3 \\ 0 & 1 & -4 & 4 \\ 0 & 0 & 1 & 2 \end{bmatrix}$$

를 얻는다.

단계 4) (세 번째 유형) A_3의 세 번째 행벡터에 4를 이용해 스칼라곱한 것을 두 번째 행벡터에 더하면 새로운 행렬

$$A_4 = \begin{bmatrix} 1 & 1 & 2 & -3 \\ 0 & 1 & 0 & 12 \\ 0 & 0 & 1 & 2 \end{bmatrix}$$

를 얻는다.

단계 5) (세 번째 유형) A_4의 세 번째 행벡터에 (-2)를 이용해 스칼라곱한 것을 첫 번째 행벡터에 더하면 새로운 행렬

$$A_5 = \begin{bmatrix} 1 & 1 & 0 & -7 \\ 0 & 1 & 0 & 12 \\ 0 & 0 & 1 & 2 \end{bmatrix}$$

를 얻는다.

단계 6) (세 번째 유형) A_5의 두 번째 행벡터에 (-1)을 이용해 스칼라곱한 것을 첫 번째 행벡터에 더하면 새로운 행렬

$$A_6 = \begin{bmatrix} 1 & 0 & 0 & -19 \\ 0 & 1 & 0 & 12 \\ 0 & 0 & 1 & 2 \end{bmatrix}$$

를 얻는다. 이러한 A_6는 세 개의 선행1을 가지는 기약사다리꼴 행렬임을 알 수 있다.

최종적으로 얻은 행렬 A_6가 바로 아래와 같이 세 개의 선행1을 가지는 기약사다리꼴 행렬임을 알 수 있다.

$$\begin{bmatrix} \boxed{1} & 0 & 0 & -19 \\ 0 & \boxed{1} & 0 & 12 \\ 0 & 0 & \boxed{1} & 2 \end{bmatrix}$$

□

연습문제 3.4

1. 다음 행렬에 연쇄적으로 기본행연산을 행해서 기약사다리꼴 행렬로 만들어라.

(1) $A = \begin{bmatrix} 3 & 9 \\ 2 & 5 \\ 2 & 6 \end{bmatrix}$

(2) $B = \begin{bmatrix} 0 & 0 & -2 & 0 & 7 & 12 \\ 2 & 4 & -10 & 6 & 12 & 28 \\ 2 & 4 & -5 & 6 & -5 & -1 \end{bmatrix}$

2. A가 $m \times n$ 기약사다리꼴 행렬일 때 A의 선행1의 개수는 m과 n의 최솟값을 넘지 않음을 보여라.

3.5 종합문제

1. A는 $n \times n$ 정방행렬이고 c는 스칼라라고 하자. 만약 $cA = O_n$이 성립한다면 $A = O_n$ 또는 $c = 0$임을 증명하라.

2. m, ℓ, n을 자연수라고 하자. A는 $m \times \ell$ 행렬, B와 C는 $\ell \times n$ 행렬이라고 할 때 다음을 증명하라. (기본적인 성질이나 증명은 까다롭다.)
(1) $A(B+C) = AB + AC$
(2) $(AB)^T = B^T A^T$

3. 정방행렬 A에 대해 AA^T는 대칭행렬임을 보여라.

4. A와 B가 둘 다 $n \times n$ 대칭행렬이라고 하자. 이 때 행렬곱 AB 역시 대칭행렬일 필요충분조건은 $AB = BA$임을 보여라.

5. $A = [a_{ij}]$와 $B = [b_{ij}]$를 둘 다 $n \times n$ 정방행렬이라고 하고 c를 스칼라라고 하자. 이 때 A의 대각합(trace)을 A의 주대각선에 놓인 모든 성분들의 합으로 정의하고 $\mathrm{tr}(A)$로 표기하자. 즉

$$\mathrm{tr}(A) = a_{11} + a_{22} + \cdots + a_{nn}$$

으로 정의하자. 다음을 증명하라.
(1) $\mathrm{tr}(A+B) = \mathrm{tr}(A) + \mathrm{tr}(B)$
(2) $\mathrm{tr}(cA) = c\,\mathrm{tr}(A)$
(3) $\mathrm{tr}(AB) = \mathrm{tr}(BA)$

6. 행렬 $\begin{bmatrix} 1 & 1 & 2 & 1 \\ -2 & 3 & 1 & -7 \\ 4 & -2 & 2 & 10 \end{bmatrix}$에 연쇄적으로 기본행연산을 가해서 기약사다리꼴 행렬로 만들어라.

Chapter 4

행렬의 응용

행렬을 개발하게된 근본적인 목적은 미지수 또는 변수가 굉장히 많은 선형연립방정식을 체계적으로 풀기 위함이었다. 이번 장에서는 가우스-조단 소거법을 적용해서 선형연립방정식의 모든 해를 찾거나 특별한 경우 역행렬을 활용해 해를 찾는 것에 대해 알아본다.

4.1 선형연립방정식

이 절에서는 선형연립방정식을 정의하고 체계적으로 해를 찾는 과정을 예를 통해 보여주고자 한다.

정의 4.1. n을 자연수라고 하고, $x_1,\ x_2,\ \ldots,\ x_n$을 n개의 미지수(unknown)라고 하자.

(1) 방정식(equation)이란 미지수 $x_1,\ x_2,\ \ldots,\ x_n$을 포함하는 하나의 등식을 뜻한다.

(2) 방정식 중 다음과 같은 형태를 선형방정식(linear equation) 또는 일차방정식이라고 부른다.

$$a_1x_2 + a_2x_2 + \cdots + a_nx_n = b \quad (\text{단, } a_1,\ a_2,\ \ldots,\ a_n,\ b\text{는 실수}) \tag{4.1}$$

(3) 선형방정식 (4.1)의 해(solution)란 n개의 실수 $s_1,\ s_2,\ \ldots,\ s_n$으로서 미지수 $x_1,\ x_2,\ ..$ 에 각각 $s_1,\ s_2,\ \ldots,\ s_n$을 대입했을 때 식 (4.1)이 참이 되는 경우로 정의한다.

참고 4.1

(1) $s_1,\ s_2,\ \ldots,\ s_n$이 선형방정식 (4.1)의 해일 때

"$x_1 = s_1,\ x_2 = s_2,\ \ldots,\ x_n = s_n$이 선형방정식 (4.1)의 한 해이다"

라는 표현을 많이 사용한다.

(2) 선형방정식의 미지수가 하나일 때는 x_1 대신에 x를 종종 사용한다.

(3) 선형방정식의 미지수가 두 개일 때는 x_1, x_2 대신에 x, y를 종종 사용한다.

(4) 선형방정식의 미지수가 세 개일 때는 x_1, x_2, x_3 대신에 x, y, z 를 종종 사용한다.

(5) 선형방정식 (4.1)에 실수 c를 곱한다는 것은 방정식의 양변에 똑같이 c를 곱해 새로운 방정식을 얻는 것으로 이해한다.

예 4.1

(1) 다음은 방정식의 예이다.

(a) $x + 3 = 5y$

(b) $x^2 + 2 = 3$

(c) $2x + y = 0$

(d) $x_1^2 + x_2^2 = 2x_1$

(e) $x_1 + 2x_2 + x_3 = 5$

(f) $\sin x = \frac{1}{2}$

이 중 선형방정식은 (a), (c), (e)이다. (a)는 $x - 5y = -3$으로 변형시킬 수 있으므로 유연성있게 선형방정식으로 해석한다.

(2) 선형방정식 (e)에

$$x_1 = 1,\ x_2 = 2,\ x_3 = 0$$

을 대입하면

$$(\text{좌변}) = 1 + 2 \cdot 2 + 0 = 5, \quad (\text{우변}) = 5$$

가 되므로 (좌변)=(우변)이 성립한다. 따라서

$$x_1 = 1,\ x_2 = 2,\ x_3 = 0$$

은 선형방정식 (e)의 한 해이다.

(3) 선형방정식 (e)에 (-3)을 곱하면 새로운 선형방정식

$$-3x_1 - 6x_2 - 3x_3 = -15$$

를 얻는다.

정의 4.2. n과 m을 자연수라고 하자.

(1) n개의 미지수 $x_1,\ x_2,\ \ldots,\ x_n$을 가지는 선형연립방정식(linear system)이란 다음과

같이 미지수 x_1, x_2, $\ldots$, x_n을 가지는 선형방정식 m개의 모음이다.

$$\begin{cases} a_{11}x_1 + a_{12}x_2 + \cdots + a_{1n}x_n = b_1 \\ a_{21}x_1 + a_{22}x_2 + \cdots + a_{2n}x_n = b_2 \\ \vdots \\ a_{m1}x_1 + a_{m2}x_2 + \cdots + a_{mn}x_n = b_m \end{cases} \tag{4.2}$$

(2) n개의 실수 s_1, s_2, $\ldots$, s_n이 선형연립방정식 (4.2)를 구성하는 모든 선형방정식의 해가 될 때 그것을 선형연립방정식 (4.2)의 해라고 한다. 이 경우

"$x_1 = s_1$, $x_2 = s_2$, $\ldots$, $x_n = s_n$이 선형연립방정식 (4.2)의 한 해이다"

라고 표현한다.

참고 4.2 특별히 선형연립방정식 (4.2)를 구성하는 모든 선형방정식의 우변이 0인 경우, 즉 $b_1 = b_2 = \cdots = b_m = 0$인 경우 선형연립방정식 (4.2)를 동차선형연립방정식(homogenous linear system)이라고 부른다. 이러한 동차선형연립방정식은 적어도 하나의 해

$$x_1 = 0,\ x_2 = 0,\ \ldots,\ x_n = 0$$

을 가진다는 것을 쉽게 알 수 있다.

예 4.2 다음은 선형연립방정식의 한 예이다.

$$\begin{cases} x_1 + 2x_2 - 3x_3 = -4 \\ 2x_1 + x_2 - 3x_3 = 4 \end{cases} \tag{4.3}$$

이 때 $x_1 = 4, x_2 = -4, x_3 = 0$은 첫 번째 선형방정식의 해가 되고, 동시에 두 번째 선형방정식의 해도 됨을 확인해볼 수 있다. 따라서 $x_1 = 4, x_2 = -4, x_3 = 0$은 선형연립방정식 (4.3)의 한 해이다.

선형연립방정식

$$\begin{cases} a_{11}x_1 + a_{12}x_2 + \cdots + a_{1n}x_n = b_1 \\ a_{21}x_1 + a_{22}x_2 + \cdots + a_{2n}x_n = b_2 \\ \vdots \\ a_{m1}x_1 + a_{m2}x_2 + \cdots + a_{mn}x_n = b_m \end{cases} \tag{4.4}$$

에 다음 세 가지 유형의 물리적 작용을 한 번 해서 얻게 되는 새로운 선형연립방정식은 원래의 선형연립방정식과 완전히 똑같은 해들을 가진다는 것을 어렵지 않게 생각할 수 있다.

(첫 번째 유형) 선형연립방정식 (4.4)를 구성하는 두 개의 선형방정식을 서로 바꾼다.

(두 번째 유형) 선형연립방정식 (4.4)를 구성하는 하나의 선형방정식에 0이 아닌 실수를 곱한다.

(세 번째 유형) 선형연립방정식 (4.4)를 구성하는 하나의 선형방정식에 실수배를 해서 또 다른 선형방정식에 (좌변은 좌변끼리, 우변은 우변끼리) 더한다. 단, 실수배를 하는 선형방정식은 그대로 둔다는데 주의한다.

이러한 물리적 작용을 연쇄적으로 행해서 선형연립방정식의 모든 해를 찾을 수 있다는 것을 다음의 예들을 통해 보이고자 한다.

예 4.3 선형연립방정식

$$\begin{cases} x + 2y + 3z = 6 \\ 2x - 3y + 2z = 14 \\ 3x + y - z = -2 \end{cases} \tag{4.5}$$

의 모든 해를 찾아라.

| 풀이 | 다음의 단계를 거쳐 해를 찾을 수 있다.

단계 1) (세 번째 유형) 선형연립방정식 (4.5)의 첫 번째 선형방정식에 (-2)를 곱해서 두 번째 선형방정식에 더하면 새로운 선형연립방정식

$$\begin{cases} x + 2y + 3z = 6 \\ \quad - 7y - 4z = 2 \\ 3x + y - z = -2 \end{cases} \tag{4.6}$$

를 얻는다.

단계 2) (세 번째 유형) 선형연립방정식 (4.6)의 첫 번째 선형방정식에 (-3)을 곱해서 세 번째 선형방정식에 더하면 새로운 선형연립방정식

$$\begin{cases} x + 2y + 3z = 6 \\ \quad - 7y - 4z = 2 \\ \quad - 5y - 10z = -20 \end{cases} \tag{4.7}$$

을 얻는다.

단계 3) (두 번째 유형) 선형연립방정식 (4.7)의 세 번째 선형방정식에 $(-\frac{1}{5})$을 곱하면 새로운 선형연립방정식

$$\begin{cases} x + 2y + 3z = 6 \\ \quad - 7y - 4z = 2 \\ \quad\quad y + 2z = 4 \end{cases} \tag{4.8}$$

를 얻는다.

단계 4) (첫 번째 유형) 선형연립방정식 (4.8)의 두 번째 선형방정식과 세 번째 선형방정식을 서로 바꾸면 새로운 선형연립방정식

$$\begin{cases} x + 2y + 3z = 6 \\ \quad\quad y + 2z = 4 \\ \quad - 7y - 4z = 2 \end{cases} \tag{4.9}$$

를 얻는다.

단계 5) (세 번째 유형) 선형연립방정식 (4.9)의 두 번째 선형방정식에 7을 곱해서 세 번째 선형방정식에 더하면 새로운 선형연립방정식

$$\begin{cases} x + 2y + 3z = 6 \\ \quad\quad y + 2z = 4 \\ \quad\quad\quad 10z = 30 \end{cases} \tag{4.10}$$

을 얻는다.

단계 6) (두 번째 유형) 선형연립방정식 (4.10)의 세 번째 선형방정식에 $\frac{1}{10}$을 곱하면 새로운 선형연립방정식

$$\begin{cases} x + 2y + 3z = 6 \\ \quad\quad y + 2z = 4 \\ \quad\quad\quad z = 3 \end{cases} \tag{4.11}$$

을 얻는다.

단계 7) (세 번째 유형) 선형연립방정식 (4.11)의 세 번째 선형방정식에 (−2)를 곱해서 두 번째 선형방정식에 더하면 새로운 선형연립방정식

$$\begin{cases} x + 2y + 3z = 6 \\ y = -2 \\ z = 3 \end{cases} \tag{4.12}$$

을 얻는다.

단계 8) (세 번째 유형) 선형연립방정식 (4.12)의 세 번째 선형방정식에 (−3)을 곱해서 첫 번째 선형방정식에 더하면 새로운 선형연립방정식

$$\begin{cases} x + 2y = -3 \\ y = -2 \\ z = 3 \end{cases} \tag{4.13}$$

을 얻는다.

단계 9) (세 번째 유형) 선형연립방정식 (4.13)의 두 번째 선형방정식에 (−2)를 곱해서 첫 번째 선형방정식에 더하면 새로운 선형연립방정식

$$\begin{cases} x = 1 \\ y = -2 \\ z = 3 \end{cases}$$

을 얻는다.

따라서

$$x = 1, \ y = -2, \ z = 3$$

이 선형연립방정식 (4.5)의 유일한 해이다. □

예 4.4 선형연립방정식

$$\begin{cases} x - 3y = -7 \\ 2x - 6y = 7 \end{cases} \tag{4.14}$$

의 모든 해를 찾아라.

|풀이| 첫 번째 선형방정식에 (−2)를 곱해서 두 번째 선형방정식에 더하면 새로운 선형연립방정식

$$\begin{cases} x - 3y = -7 \\ 0 = 21 \end{cases} \tag{4.15}$$

을 얻는다. 하지만 선형연립방정식 (4.15)의 두 번째 선형방정식은 x, y에 어떤 실수를 대입하든 간에 거짓이다. 따라서 선형연립방정식 (4.14)는 해를 가지지 않는다. □

예 4.5 선형연립방정식

$$\begin{cases} 2x - 2y = 0 \\ x - y + 2z = 0 \\ x - y + z = 0 \end{cases} \tag{4.16}$$

의 모든 해를 찾아라.

|풀이| 다음의 단계를 거쳐 해를 찾을 수 있다.

단계 1) (두 번째 유형) 선형연립방정식 (4.16)의 첫 번째 선형방정식에 $\frac{1}{2}$을 곱하면 새로운 선형연립방정식

$$\begin{cases} x - y = 0 \\ x - y + 2z = 0 \\ x - y + z = 0 \end{cases} \tag{4.17}$$

을 얻는다.

단계 2) (세 번째 유형) 선형연립방정식 (4.17)의 첫 번째 선형방정식에 (−1)을 곱해서 두 번째 선형방정식에 더하면 새로운 선형연립방정식

$$\begin{cases} x - y = 0 \\ 2z = 0 \\ x - y + z = 0 \end{cases} \tag{4.18}$$

을 얻는다.

단계 3) (세 번째 유형) 선형연립방정식 (4.18)의 첫 번째 선형방정식에 (-1)을 곱해서 세 번째 선형방정식에 더하면 새로운 선형연립방정식

$$\begin{cases} x - y = 0 \\ 2z = 0 \\ z = 0 \end{cases} \tag{4.19}$$

을 얻는다.

단계 4) (두 번째 유형) 선형연립방정식 (4.19)의 두 번째 선형방정식에 $\frac{1}{2}$를 곱하면 새로운 선형연립방정식

$$\begin{cases} x - y = 0 \\ z = 0 \\ z = 0 \end{cases} \tag{4.20}$$

을 얻는다.

단계 5) (세 번째 유형) 선형연립방정식 (4.20)의 두 번째 선형방정식에 (-1)을 곱해서 새 번째 선형방정식에 더하면 새로운 선형연립방정식

$$\begin{cases} x - y = 0 \\ z = 0 \\ 0 = 0 \end{cases} \tag{4.21}$$

을 얻는다.

마지막으로 얻은 선형연립방정식 (4.21)를 다음과 같이 정리할 수 있다. (항상 참이 되는 세 번째 방정식은 고려하지 않아도 된다.)

$$\begin{cases} x = y \\ z = 0 \end{cases}$$

여기서 x와 z는 y에 대한 일차식으로 표현되고, y에는 어떠한 제한조건도 없음을 알 수 있다. 따라서 원래의 선형연립방정식 (4.16)의 해를 아래와 같이 표현할 수 있다.

$$\begin{cases} x = r \\ y = r \quad \text{(임의의 실수)} \\ z = 0 \end{cases}$$

□

참고 4.3 선형연립방정식의 해를 찾기 위해 예제 4.3과 4.5에서 사용한 방식을 가우스-조단 소거법 (Gauss-Jordan elimination)이라고 부른다.

연습문제 4.1

1. 가우스-조단 소거법을 이용해 다음 선형연립방정식의 모든 해를 찾아라. 해가 없을 수도 있다.

(1) $$\begin{cases} x + 2y - 3z = -4 \\ 2x + y - 3z = 4 \end{cases}$$

(2) $$\begin{cases} x + 3y = -4 \\ 2x + 5y = -8 \\ x + 3y = -5 \end{cases}$$

(3) $$\begin{cases} x + 2y + 3z = 6 \\ 2x - 3y + 2z = 14 \\ 3x + y - z = -2 \end{cases}$$

4.2 행렬을 이용한 선형연립방정식의 풀이

n개의 미지수 $x_1,\ x_2,\ \ldots,\ x_n$을 가지는 선형연립방정식

$$\begin{cases} a_{11}x_1 + a_{12}x_2 + \cdots + a_{1n}x_n = b_1 \\ a_{21}x_1 + a_{22}x_2 + \cdots + a_{2n}x_n = b_2 \\ \qquad \vdots \\ a_{m1}x_1 + a_{m2}x_2 + \cdots + a_{mn}x_n = b_m \end{cases} \tag{4.22}$$

을 생각하자. 두 행렬이 같다는 것은 두 행렬의 크기가 같고 같은 위치에 있는 성분끼리 일치하는 것이라고 정의되므로 선형연립방정식 (4.22)를 만족하는 해를 찾는 것은

$$\begin{bmatrix} a_{11}x_1 + a_{12}x_2 + \cdots + a_{1n}x_n \\ a_{21}x_1 + a_{22}x_2 + \cdots + a_{2n}x_n \\ \vdots \\ a_{m1}x_1 + a_{m2}x_2 + \cdots + a_{mn}x_n \end{bmatrix} = \begin{bmatrix} b_1 \\ b_2 \\ \vdots \\ b_m \end{bmatrix} \tag{4.23}$$

을 만족하는 x_1, x_2, $\ldots$, x_n을 찾는 것과 같은 일이 된다. 게다가 (4.23)의 좌변은 $m \times n$ 행렬과 $n \times 1$ 행렬의 곱

$$\begin{bmatrix} a_{11} & a_{12} & \cdots & a_{1n} \\ a_{21} & a_{22} & \cdots & a_{2n} \\ \vdots & \vdots & \ddots & \vdots \\ a_{m1} & a_{m2} & \cdots & a_{mn} \end{bmatrix} \begin{bmatrix} x_1 \\ x_2 \\ \vdots \\ x_n \end{bmatrix}$$

으로 표현할 수 있다. 따라서 선형연립방정식 (4.22)의 해를 찾는 것은

$$\begin{bmatrix} a_{11} & a_{12} & \cdots & a_{1n} \\ a_{21} & a_{22} & \cdots & a_{2n} \\ \vdots & \vdots & \ddots & \vdots \\ a_{m1} & a_{m2} & \cdots & a_{mn} \end{bmatrix} \begin{bmatrix} x_1 \\ x_2 \\ \vdots \\ x_n \end{bmatrix} = \begin{bmatrix} b_1 \\ b_2 \\ \vdots \\ b_m \end{bmatrix} \tag{4.24}$$

을 만족하는 x_1, x_2, $\ldots$, x_n을 찾는 것과 같은 일이다.

정의 4.3. (1) 선형연립방정식 (4.22)의 계수행렬(coefficient matrix)이란 $m \times n$ 행렬

$$\begin{bmatrix} a_{11} & a_{12} & \cdots & a_{1n} \\ a_{21} & a_{22} & \cdots & a_{2n} \\ \vdots & \vdots & \ddots & \vdots \\ a_{m1} & a_{m2} & \cdots & a_{mn} \end{bmatrix}$$

으로 정의된다.

(2) (4.24)를 선형연립방정식 (4.22)의 행렬형태(matrix form)라고 부른다.

(3) 선형연립방정식 (4.22)의 붙임행렬(augmented matrix)이란 $m \times (n+1)$ 행렬

$$\left[\begin{array}{cccc|c} a_{11} & a_{12} & \cdots & a_{1n} & b_1 \\ a_{21} & a_{22} & \cdots & a_{2n} & b_2 \\ \vdots & \vdots & \ddots & \vdots & \vdots \\ a_{m1} & a_{m2} & \cdots & a_{mn} & b_m \end{array}\right]$$

으로 정의된다.

참고 4.4 A를 선형연립방정식 (4.22)의 계수행렬이라고 하고

$$\mathbf{x} = \begin{bmatrix} x_1 \\ x_2 \\ \vdots \\ x_n \end{bmatrix}, \quad \mathbf{b} = \begin{bmatrix} b_1 \\ b_2 \\ \vdots \\ b_m \end{bmatrix}$$

이라고 하자.

(1) 선형연립방정식 (4.22)의 행렬형태는 $A\mathbf{x} = \mathbf{b}$가 되고 붙임행렬은 $[A \mid \mathbf{b}]$가 된다.

(2) 선형연립방정식의 행렬형태 $A\mathbf{x} = \mathbf{b}$를 만족하는 n-벡터를 해벡터(solution vector)라고 부른다.

(3) 선형연립방정식 (4.22)에 행하는 세 가지 유형의 물리적 작용은 붙임행렬 $[A \mid \mathbf{b}]$에 행하는 세 가지 유형의 기본행연산에 대응한다. 따라서 선형연립방정식에 가우스-조단 소거법을 적용시키는 것은 붙임행렬에 기본행연산을 가해 기약사다리꼴 행렬로 변형시키는 것에 대응한다.

예 4.6 선형연립방정식

$$\begin{cases} 6x_1 + 6x_2 + 12x_3 \qquad\qquad - 15x_5 = 6 \\ \qquad\qquad\qquad\qquad 2x_4 + x_5 = 4 \\ 6x_1 + 6x_2 + 12x_3 - 2x_4 - 18x_5 = 3 \end{cases} \tag{4.25}$$

의 모든 해를 찾아라.

| 풀이 | 주어진 선형연립방정식의 해를 찾기 위해서 대응하는 붙임행렬

$$\left[\begin{array}{ccccc|c} 6 & 6 & 12 & 0 & -15 & 6 \\ 0 & 0 & 0 & 2 & 1 & 4 \\ 6 & 6 & 12 & -2 & -18 & 3 \end{array}\right] \tag{4.26}$$

에 연쇄적으로 기본행연산을 가해 기약사다리꼴 행렬로 바꿀 것이다.

단계 1) (두 번째 유형) 행렬 (4.26)의 첫 번째 행에 $\frac{1}{6}$을 이용해 스칼라곱을 하면 새로운 행렬

$$\left[\begin{array}{ccccc|c} 1 & 1 & 2 & 0 & -\frac{5}{2} & 1 \\ 0 & 0 & 0 & 2 & 1 & 4 \\ 6 & 6 & 12 & -2 & -18 & 3 \end{array}\right] \tag{4.27}$$

을 얻는다.

단계 2) (세 번째 유형) 행렬 (4.27)의 첫 번째 행에 (−6)을 이용해 스칼라곱한 것을 세 번째 행에 더하면 새로운 행렬

$$\left[\begin{array}{ccccc|c} 1 & 1 & 2 & 0 & -\frac{5}{2} & 1 \\ 0 & 0 & 0 & 2 & 1 & 4 \\ 0 & 0 & 0 & -2 & -3 & -3 \end{array}\right] \tag{4.28}$$

을 얻는다.

단계 3) (두 번째 유형) 행렬 (4.28)의 두 번째 행에 $\frac{1}{2}$을 이용해 스칼라곱을 하면 새로운 행렬

$$\left[\begin{array}{ccccc|c} 1 & 1 & 2 & 0 & -\frac{5}{2} & 1 \\ 0 & 0 & 0 & 1 & \frac{1}{2} & 2 \\ 0 & 0 & 0 & -2 & -3 & -3 \end{array}\right] \tag{4.29}$$

을 얻는다.

단계 4) (세 번째 유형) 행렬 (4.29)의 두 번째 행에 2를 이용해 스칼라곱한 것을 세 번째 행에 더하면 새로운 행렬

$$\left[\begin{array}{ccccc|c} 1 & 1 & 2 & 0 & -\frac{5}{2} & 1 \\ 0 & 0 & 0 & 1 & \frac{1}{2} & 2 \\ 0 & 0 & 0 & 0 & -2 & 1 \end{array}\right] \tag{4.30}$$

을 얻는다.

단계 5) (두 번째 유형) 행렬 (4.30)의 세 번째 행에 $(-\frac{1}{2})$을 이용해 스칼라곱을 하면 새로운 행렬

$$\left[\begin{array}{ccccc|c} 1 & 1 & 2 & 0 & -\frac{5}{2} & 1 \\ 0 & 0 & 0 & 1 & \frac{1}{2} & 2 \\ 0 & 0 & 0 & 0 & 1 & -\frac{1}{2} \end{array}\right] \tag{4.31}$$

을 얻는다.

단계 6) (세 번재 유형) 행렬 (4.31)의 세 번째 행에 $(-\frac{1}{2})$을 이용해 스칼라곱한 것을 두 번째 행에 더하면 새로운 행렬

$$\left[\begin{array}{ccccc|c} 1 & 1 & 2 & 0 & -\frac{5}{2} & 1 \\ 0 & 0 & 0 & 1 & 0 & \frac{9}{4} \\ 0 & 0 & 0 & 0 & 1 & -\frac{1}{2} \end{array}\right] \tag{4.32}$$

을 얻는다.

단계 7) (세 번째 유형) 행렬 (4.32)의 세 번째 행에 $\frac{5}{2}$를 이용해 스칼라곱한 것을 첫 번째 행에 더하면 새로운 행렬

$$\left[\begin{array}{ccccc|c} \boxed{1} & 1 & 2 & 0 & 0 & -\frac{1}{4} \\ 0 & 0 & 0 & \boxed{1} & 0 & \frac{9}{4} \\ 0 & 0 & 0 & 0 & \boxed{1} & -\frac{1}{2} \end{array}\right] \tag{4.33}$$

을 얻고, 마침내 이는 기약사다리꼴이다.

(4.33)을 붙임행렬로 가지는 선형연립방정식은

$$\begin{cases} x_1 + x_2 + 2x_3 = -\frac{1}{4} \\ x_4 = \frac{9}{4} \\ x_5 = -\frac{1}{2} \end{cases} \tag{4.34}$$

이다. 이를 변형시키면

$$\begin{cases} x_1 = -\frac{1}{4} - x_2 - 2x_3 \\ x_4 = \frac{9}{4} \\ x_5 = -\frac{1}{2} \end{cases}$$

이 되는데 이 때 x_1, x_4, x_5는 x_2, x_3에 대해 표현되고 x_2, x_3에는 어떠한 제한조건도 없음을 알 수 있다. 따라서 선형연립방정식 (4.34)의 해, 즉 원래의 선형연립방정식 (4.25)의 해는

$$\begin{cases} x_1 &= -\dfrac{1}{4} - r - 2s \\ x_2 &= r \quad (\text{임의의 실수}) \\ x_3 &= s \quad (\text{임의의 실수}) \\ x_4 &= \dfrac{9}{4} \\ x_5 &= -\dfrac{1}{2} \end{cases}$$

이 된다. 임의의 실수가 되는 x_2와 x_3를 자유변수(free variable)라고 부르는데 기약사다리꼴 행렬 (4.33)에서 선행1을 포함하지 않는 열도 두 번째, 세 번째 열이라는 것에 주목하라. □

예 4.7 선형연립방정식

$$\begin{cases} x_1 + 2x_2 + 3x_3 + 4x_4 + 5x_5 = 6 \\ \qquad x_2 + 2x_3 + 3x_4 - x_5 = 7 \\ \qquad\qquad x_3 + 2x_4 + 3x_5 = 7 \\ \qquad\qquad\qquad x_4 + 2x_5 = 9 \end{cases} \tag{4.35}$$

의 모든 해를 찾아라.

| 풀이 | 선형연립방정식 (4.35)의 붙임행렬은

$$\left[\begin{array}{ccccc|c} 1 & 2 & 3 & 4 & 5 & 6 \\ 0 & 1 & 2 & 3 & -1 & 7 \\ 0 & 0 & 1 & 2 & 3 & 7 \\ 0 & 0 & 0 & 1 & 2 & 9 \end{array}\right] \tag{4.36}$$

인데 이는 사다리꼴임을 알 수 있다.

단계 1) (세 번째 유형) 행렬 (4.36)의 네 번째 행에 (−2)를 이용해 스칼라곱한 것을 세 번째 행에 더하면 새로운 행렬

$$\left[\begin{array}{ccccc|c} 1 & 2 & 3 & 4 & 5 & 6 \\ 0 & 1 & 2 & 3 & -1 & 7 \\ 0 & 0 & 1 & 0 & -1 & -11 \\ 0 & 0 & 0 & 1 & 2 & 9 \end{array}\right] \tag{4.37}$$

를 얻는다.

단계 2) (세 번째 유형) 행렬 (4.37)의 네 번째 행에 (−3)를 이용해 스칼라곱한 것을 두 번째 행에 더하면 새로운 행렬

$$\left[\begin{array}{ccccc|c} 1 & 2 & 3 & 4 & 5 & 6 \\ 0 & 1 & 2 & 0 & -7 & -20 \\ 0 & 0 & 1 & 0 & -1 & -11 \\ 0 & 0 & 0 & 1 & 2 & 9 \end{array}\right] \tag{4.38}$$

를 얻는다.

단계 3) (세 번째 유형) 행렬 (4.38)의 네 번째 행에 (−4)를 이용해 스칼라곱한 것을 첫 번째 행에 더하면 새로운 행렬

$$\left[\begin{array}{ccccc|c} 1 & 2 & 3 & 0 & -3 & -30 \\ 0 & 1 & 2 & 0 & -7 & -20 \\ 0 & 0 & 1 & 0 & -1 & -11 \\ 0 & 0 & 0 & 1 & 2 & 9 \end{array}\right] \tag{4.39}$$

를 얻는다.

단계 4) (세 번째 유형) 행렬 (4.39)의 세 번째 행에 (−2)를 이용해 스칼라곱한 것을 두 번째 행에 더하면 새로운 행렬

$$\left[\begin{array}{ccccc|c} 1 & 2 & 3 & 0 & -3 & -30 \\ 0 & 1 & 0 & 0 & -5 & 2 \\ 0 & 0 & 1 & 0 & -1 & -11 \\ 0 & 0 & 0 & 1 & 2 & 9 \end{array}\right] \tag{4.40}$$

를 얻는다.

단계 5) (세 번째 유형) 행렬 (4.40)의 세 번째 행에 (−3)를 이용해 스칼라곱한 것을 첫 번째 행에 더하면 새로운 행렬

$$\left[\begin{array}{ccccc|c} 1 & 2 & 0 & 0 & 0 & 3 \\ 0 & 1 & 0 & 0 & -5 & 2 \\ 0 & 0 & 1 & 0 & -1 & -11 \\ 0 & 0 & 0 & 1 & 2 & 9 \end{array}\right] \tag{4.41}$$

를 얻는다.

단계 6) (세 번째 유형) 행렬 (4.41)의 두 번째 행에 (−2)를 이용해 스칼라곱한 것을 첫 번째 행에 더하면 새로운 행렬

$$\left[\begin{array}{ccccc|c} 1 & 0 & 0 & 0 & 10 & -1 \\ 0 & 1 & 0 & 0 & -5 & 2 \\ 0 & 0 & 1 & 0 & -1 & -11 \\ 0 & 0 & 0 & 1 & 2 & 9 \end{array}\right] \tag{4.42}$$

를 얻고 이는 네 개의 선행1을 가지는 기약사다리꼴 행렬이다.

따라서 자유변수는 x_5이고 선형연립방정식 (4.35)의 해는

$$\begin{cases} x_1 &= -1 - 10r \\ x_2 &= 2 + 5r \\ x_3 &= -11 + r \\ x_4 &= 9 - 2r \\ x_5 &= r \quad (\text{임의의 실수}) \end{cases}$$

가 된다. □

예 4.8 선형연립방정식

$$\begin{cases} x + 2y + z = 3 \\ y - z = 2 \\ x + 3y = 4 \end{cases} \tag{4.43}$$

의 모든 해를 찾아라.

| **풀이** | 선형연립방정식 (4.43)의 붙임행렬은

$$\left[\begin{array}{ccc|c} 1 & 2 & 1 & 3 \\ 0 & 1 & -1 & 2 \\ 1 & 3 & 0 & 4 \end{array}\right] \tag{4.44}$$

이다.

단계 1) (세 번째 유형) 행렬 (4.44)의 첫 번째 행에 (-1)을 이용해 스칼라곱한 것을 세 번째 행에 더하면 새로운 행렬

$$\left[\begin{array}{ccc|c} 1 & 2 & 1 & 3 \\ 0 & 1 & -1 & 2 \\ 0 & 1 & -1 & 1 \end{array}\right] \tag{4.45}$$

을 얻는다.

단계 2) (세 번째 유형) 행렬 (4.45)의 두 번째 행에 (-1)을 이용해 스칼라곱한 것을 세 번째 행에 더하면 새로운 행렬

$$\left[\begin{array}{ccc|c} 1 & 2 & 1 & 3 \\ 0 & 1 & -1 & 2 \\ 0 & 0 & 0 & -1 \end{array}\right] \tag{4.46}$$

을 얻는다. 더이상 기본행연산을 하지말고 여기서 계산을 멈춘다.

행렬 (4.46)을 붙임행렬로 가지는 선형연립방정식의 세 번째 선형방정식은 $0 = -1$이 되는데 이 방정식을 만족하는 x, y, z는 절대로 존재하지 않는다. 따라서 선형연립방정식 (4.43)은 해를 가지지 않는다. □

연습문제 4.2

1. 행렬을 이용해 다음 선형연립방정식의 모든 해를 찾아라.

(1) $$\begin{cases} 2x - 3y - z = 7 \\ x + y + 2z = 1 \\ x - 2y - z = 4 \end{cases}$$

(2) $$\begin{cases} x_1 + 2x_2 + x_3 = 0 \\ x_1 + x_4 = 0 \\ x_1 + x_2 + x_3 + x_4 = 0 \end{cases}$$

2. $A = \begin{bmatrix} 4 & 1 \\ 0 & 2 \end{bmatrix}$일 때 $A\mathbf{x} = 4\mathbf{x}$를 만족하는 모든 2-벡터 $\mathbf{x}$를 찾아라.

4.3 역행렬

실수 r이 0이 아닐 때 $\frac{1}{r}$은 r의 곱셈에 대한 역원이 된다. 즉

$$r \cdot \frac{1}{r} = 1, \quad \frac{1}{r} \cdot r = 1$$

이 성립한다. 이 절에서는 정방행렬의 역행렬의 개념에 대해 소개하고 기본행연산을 통해 역행렬을 구하는 방식에 대해서 알아본다.

정의 4.4. A를 $n \times n$ 정방행렬이라고 하자.

(1) 다음의 성질을 만족하는 $n \times n$ 정방행렬 B가 존재할 때 A는 가역(nonsingular 또는 invertible)이라고 한다.

$$AB = I_n, \quad BA = I_n$$

이 경우 B를 A의 역행렬(inverse matrix)이라고 부른다.

(2) A가 가역이 아닌 경우 A는 비가역(singular)이라고 한다.

참고 4.5

(1) 정방행렬이 아닌 행렬에 대해서는 가역, 비가역을 논하지 않는다.

(2) 정방행렬 A가 가역일 때 A의 역행렬은 몇 개가 존재할까?

정리 4.1

A를 $n \times n$ 정방행렬이라고 하자. 만약 A가 가역이라면 A의 역행렬은 유일하게 존재한다.

| **증명** | A는 가역이므로 $n \times n$ 행렬 B가 존재해서

$$AB = I_n, \quad BA = I_n$$

을 만족한다. 동시에 어떤 $n \times n$ 행렬 C가 있어서

$$AC = I_n, \quad CA = I_n$$

을 만족한다고 하자. 이 때 항등행렬의 성질과 행렬 곱셈의 결합법칙을 이용해서 다음을 유도할 수 있다.

$$C = CI_n = C(AB) = (CA)B = I_nB = B$$

이로부터 가역행렬 A의 역행렬은 유일함을 알 수 있다. □

참고 4.6 가역행렬 A의 유일한 역행렬을 A^{-1}로 표기하고 “A inverse”라고 읽는다.

예 4.9 항등행렬 I_n은 $I_nI_n = I_n$을 만족하므로 가역이고 $I_n^{-1} = I_n$이 된다.

정리 4.2

A와 B를 $n \times n$ 정방행렬이라고 하자. A와 B가 둘 다 가역이라고 가정할 때 다음이 성립한다.
(1) A^{-1}는 가역이고, $(A^{-1})^{-1} = A$이다.
(2) AB 역시 가역이고, $(AB)^{-1} = B^{-1}A^{-1}$이다.

| **증명** | (1) A는 가역이므로 역행렬 A^{-1}가 존재하여

$$AA^{-1} = I_n, \quad A^{-1}A = I_n$$

을 만족한다. 이 두 식을 A^{-1}의 입장에서 보면 A^{-1}는 가역이고 A가 바로 A^{-1}의 역행렬이 된다. 정리 4.1에 의해 가역인 행렬의 역행렬은 유일하므로 $(A^{-1})^{-1} = A$가 성립한다.

(2) B도 가역이므로 역행렬 B^{-1}가 존재하여

$$BB^{-1} = I_n, \quad B^{-1}B = I_n$$

을 만족한다. 이 때 행렬 곱셈의 결합법칙과 항등행렬의 성질을 활용하면

$$\begin{aligned}(AB)(B^{-1}A^{-1}) &= ((AB)B^{-1})A^{-1}\\ &= (A(BB^{-1}))A^{-1}\\ &= (AI_n)A^{-1}\\ &= AA^{-1}\\ &= I_n\end{aligned}$$

이고

$$\begin{aligned}(B^{-1}A^{-1})(AB) &= ((B^{-1}A^{-1})A)B\\ &= (B^{-1}(A^{-1}A))B\\ &= (B^{-1}I_n)B\\ &= B^{-1}B\\ &= I_n\end{aligned}$$

임을 알 수 있다. 따라서 AB는 가역이고 $(AB)^{-1} = B^{-1}A^{-1}$가 성립한다.

□

예 4.10 A와 B를 $n \times n$ 정방행렬이라고 하자. A는 가역이고 B는 비가역이라고 할 때 행렬곱 AB는 가역인가 혹은 비가역인가?

| 풀이 | 만약 AB가 가역이라면 정리 4.2 (2)에 의해 두 가역 행렬 A^{-1}와 AB의 곱 역시 가역이 된다. 이 때

$$A^{-1}(AB) = (A^{-1}A)B = I_nB = B$$

이므로 B가 가역이라는건데, 이는 B가 비가역이라는 전제에 모순이다. 따라서 AB는 비가역이다. □

예 4.11 $n \times n$ 영행렬 O_n은 가역인가 혹은 비가역인가?

| 풀이 | 영행렬 O_n과 임의의 $n \times n$ 정방행렬의 곱은 항상 O_n으로서 절대 I_n이 아니다. 이는 O_n이 비가역임을 의미한다. □

정리 4.3

$A = [a_{ij}]$를 $n \times n$ 정방행렬이라고 하자.

(1) A가 가역일 필요충분조건은 A로부터 기본행연산을 통해 얻는 기약사다리꼴 행렬이 I_n이라는 것이다.

(2) A가 가역이라고 하면 A와 I_n을 나란히 붙여서 만든 행렬

$$[A \mid I_n] = \left[\begin{array}{cccc|cccc} a_{11} & a_{12} & \cdots & a_{1n} & 1 & 0 & \cdots & 0 \\ a_{21} & a_{22} & \cdots & a_{2n} & 0 & 1 & \cdots & 0 \\ \vdots & \vdots & \ddots & \vdots & \vdots & \vdots & \ddots & \vdots \\ a_{n1} & a_{n2} & \cdots & a_{nn} & 0 & 0 & \cdots & 1 \end{array}\right]$$

로부터 기본행연산을 통해 얻는 기약사다리꼴 행렬은 $\left[I_n \mid A^{-1}\right]$이다.

| **증명** | (1)의 증명은 생략한다.

(2) A^{-1}의 열벡터를 $\mathbf{c}_1$, $\mathbf{c}_2$, $\ldots$, $\mathbf{c}_n$이라고 하고 I_n의 열벡터를 $\mathbf{e}_1$, $\mathbf{e}_2$, $\ldots$, $\mathbf{e}_n$이라고 하자. 관계식 $AA^{-1} = I_n$의 양변의 열벡터를 비교하면

$$A\mathbf{c}_i = \mathbf{e}_i \quad (1 \le i \le n)$$

를 얻는데 이는 $\mathbf{c}_i$가 $A\mathbf{x} = \mathbf{e}_i$를 만족하는 하나의 해벡터임을 의미한다. 따라서 (1)에 의해 붙임행렬 $[A \mid \mathbf{e}_i]$에 연쇄적으로 기본행연산을 가해 얻는 기약사다리꼴 행렬은 $[I_n \mid \mathbf{c}_i]$가 된다. 결국 $[A \mid I_n] = [A \mid \mathbf{e}_1\ \mathbf{e}_2\ \cdots\ \mathbf{e}_n]$으로부터 얻는 기약사다리꼴 행렬은 $[I_n \mid \mathbf{c}_1\ \mathbf{c}_2\ \cdots\ \mathbf{c}_n] = \left[I_n \mid A^{-1}\right]$가 된다.

□

예 4.12 행렬 $A = \begin{bmatrix} 1 & 2 & 3 \\ 1 & 1 & 2 \\ 0 & 1 & 0 \end{bmatrix}$이 가역이면 그것의 역행렬을 찾아라.

|풀이| A와 I_3를 나란히 붙여서 만든 행렬

$$[A \mid I_3] = \left[\begin{array}{ccc|ccc} 1 & 2 & 3 & 1 & 0 & 0 \\ 1 & 1 & 2 & 0 & 1 & 0 \\ 0 & 1 & 0 & 0 & 0 & 1 \end{array}\right] \tag{4.47}$$

을 생각하자.

단계 1) (세 번째 유형) 행렬 (4.47)의 첫 번째 행에 (−1)을 이용해 스칼라곱한 것을 두 번째 행에 더하면 새로운 행렬

$$\left[\begin{array}{ccc|ccc} 1 & 2 & 3 & 1 & 0 & 0 \\ 0 & -1 & -1 & -1 & 1 & 0 \\ 0 & 1 & 0 & 0 & 0 & 1 \end{array}\right] \tag{4.48}$$

을 얻는다.

단계 2) (두 번째 유형) 행렬 (4.48)의 두 번째 행에 (−1)을 이용해 스칼라곱을 하면 새로운 행렬

$$\left[\begin{array}{ccc|ccc} 1 & 2 & 3 & 1 & 0 & 0 \\ 0 & 1 & 1 & 1 & -1 & 0 \\ 0 & 1 & 0 & 0 & 0 & 1 \end{array}\right] \tag{4.49}$$

을 얻는다.

단계 3) (세 번째 유형) 행렬 (4.49)의 두 번째 행에 (−1)을 이용해 스칼라곱한 것을 세 번째 행에 더하면 새로운 행렬

$$\left[\begin{array}{ccc|ccc} 1 & 2 & 3 & 1 & 0 & 0 \\ 0 & 1 & 1 & 1 & -1 & 0 \\ 0 & 0 & -1 & -1 & 1 & 1 \end{array}\right] \tag{4.50}$$

을 얻는다.

단계 4) (두 번째 유형) 행렬 (4.50)의 세 번째 행에 (−1)을 이용해 스칼라곱을 해주면 새로운 행렬

$$\left[\begin{array}{ccc|ccc} 1 & 2 & 3 & 1 & 0 & 0 \\ 0 & 1 & 1 & 1 & -1 & 0 \\ 0 & 0 & 1 & 1 & -1 & -1 \end{array}\right] \tag{4.51}$$

을 얻는다.

단계 5) (세 번째 유형) 행렬 (4.51)의 세 번째 행에 (−1)을 이용해 스칼라곱한 것을 두 번째 행에 더하면 새로운 행렬

$$\left[\begin{array}{ccc|ccc} 1 & 2 & 3 & 1 & 0 & 0 \\ 0 & 1 & 0 & 0 & 0 & 1 \\ 0 & 0 & 1 & 1 & -1 & -1 \end{array}\right] \tag{4.52}$$

을 얻는다.

단계 6) (세 번째 유형) 행렬 (4.52)의 세 번째 행에 (−3)을 이용해 스칼라곱한 것을 첫 번째 행에 더하면 새로운 행렬

$$\left[\begin{array}{ccc|ccc} 1 & 2 & 0 & -2 & 3 & 3 \\ 0 & 1 & 0 & 0 & 0 & 1 \\ 0 & 0 & 1 & 1 & -1 & -1 \end{array}\right] \tag{4.53}$$

을 얻는다.

단계 7) (세 번째 유형) 행렬 (4.53)의 두 번째 행에 (−2)을 이용해 스칼라곱한 것을 첫 번째 행에 더하면 새로운 행렬

$$\left[\begin{array}{ccc|ccc} \mathbf{1} & 0 & 0 & -2 & 3 & 1 \\ 0 & \mathbf{1} & 0 & 0 & 0 & 1 \\ 0 & 0 & \mathbf{1} & 1 & -1 & -1 \end{array}\right] \tag{4.54}$$

을 얻게 되고 이는 기약사다리꼴이다.

따라서 A는 가역이고

$$A^{-1} = \begin{bmatrix} -2 & 3 & 1 \\ 0 & 0 & 1 \\ 1 & -1 & -1 \end{bmatrix}$$

이 된다. □

연습문제 4.3

1. 정방행렬 A가 가역이고 c가 0이 아닌 스칼라일 때 스칼라곱 cA도 가역이고

$$(cA)^{-1} = \frac{1}{c}A^{-1}$$

임을 보여라.

2. 정방행렬 A가 가역일 때 A^T도 가역이고

$$(A^T)^{-1} = (A^{-1})^T$$

임을 증명하라.

3. A와 B가 $n \times n$ 정방행렬이라고 하자. A는 비가역이고 B는 가역이라고 할 때 행렬곱 AB는 비가역임을 증명하라.

4. 다음의 행렬이 가역인지 아닌지 보이고, 가역인 경우 역행렬을 구하라.

(1) $A = \begin{bmatrix} 1 & 2 & 3 \\ 2 & 1 & 2 \\ 3 & 2 & 1 \end{bmatrix}$

(2) $B = \begin{bmatrix} 3 & 5 & -2 & 6 \\ 1 & 2 & -1 & 1 \\ 2 & 4 & 1 & 5 \\ 3 & 7 & 5 & 3 \end{bmatrix}$

4.4 행렬식과 역행렬

이 절에서는 크기가 2×2 또는 3×3 행렬이 가역일 조건을 행렬식을 통해 설명한다. 또한 선형연립방정식의 해를 찾는데 역행렬을 활용해본다.

정의 4.5. 2×2 행렬 $A = \begin{bmatrix} a & b \\ c & d \end{bmatrix}$의 행렬식(determinant)이란 $\det(A)$로 표기하고 실수값

$$\det(A) = ad - bc$$

로 정의한다. $\det(A)$ 대신 $\begin{vmatrix} a & b \\ c & d \end{vmatrix}$로 표기하기도 한다.

예 4.13 $A = \begin{bmatrix} 2 & 3 \\ 4 & 1 \end{bmatrix}$일 때

$$\det(A) = 2 \cdot 1 - 3 \cdot 4 = -10$$

이 된다.

정리 4.4

2×2 행렬 $A = \begin{bmatrix} a & b \\ c & d \end{bmatrix}$가 가역일 필요충분조건은 $\det(A) \neq 0$이다. A가 가역인 경우

$$A^{-1} = \frac{1}{\det(A)} \begin{bmatrix} d & -b \\ -c & a \end{bmatrix}$$

가 된다.

| **증명** | A가 가역이라고 가정해보자. 관계식 $AA^{-1} = I_2$와 행렬 곱셈의 결합법칙을 이용해서 다음을 유도할 수 있다.

$$\begin{bmatrix} d & -b \\ -c & a \end{bmatrix} = \begin{bmatrix} d & -b \\ -c & a \end{bmatrix} I_2$$

$$= \begin{bmatrix} d & -b \\ -c & a \end{bmatrix} (AA^{-1})$$

$$= \left(\begin{bmatrix} d & -b \\ -c & a \end{bmatrix} A \right) A^{-1}$$

$$= \left(\begin{bmatrix} d & -b \\ -c & a \end{bmatrix} \begin{bmatrix} a & b \\ c & d \end{bmatrix} \right) A^{-1}$$

$$= \begin{bmatrix} da - bc & db - bd \\ -ca + ac & -cb + ad \end{bmatrix} A^{-1}$$

$$= \begin{bmatrix} \det(A) & 0 \\ 0 & \det(A) \end{bmatrix} A^{-1}$$

만약 $\det(A) = 0$이라면 위 유도식은

$$\begin{bmatrix} d & -b \\ -c & a \end{bmatrix} = \begin{bmatrix} 0 & 0 \\ 0 & 0 \end{bmatrix} A^{-1} = \begin{bmatrix} 0 & 0 \\ 0 & 0 \end{bmatrix}$$

이 되고 이로부터 $a = b = c = d = 0$, 즉 $A = O_2$를 얻는다. 그런데 예 4.11에 의해 O_2는 비가역이므로 A가 가역이라는 가정에 모순이 된다. 따라서 $\det(A) \neq 0$이다.

이제 반대로 $\det(A) = ad - bc \neq 0$이라고 가정하고 A가 가역임을 보이자. 행렬곱의 정의로부터

$$\begin{bmatrix} a & b \\ c & d \end{bmatrix} \begin{bmatrix} \frac{d}{ad-bc} & \frac{-b}{ad-bc} \\ \frac{-c}{ad-bc} & \frac{a}{ad-bc} \end{bmatrix} = \begin{bmatrix} \frac{ad-bc}{ad-bc} & \frac{-ab+ba}{ad-bc} \\ \frac{cd-dc}{ad-bc} & \frac{-cb+da}{ad-bc} \end{bmatrix} = \begin{bmatrix} 1 & 0 \\ 0 & 1 \end{bmatrix}$$

이고

$$\begin{bmatrix} \frac{d}{ad-bc} & \frac{-b}{ad-bc} \\ \frac{-c}{ad-bc} & \frac{a}{ad-bc} \end{bmatrix} \begin{bmatrix} a & b \\ c & d \end{bmatrix} = \begin{bmatrix} \frac{da-bc}{ad-bc} & \frac{db-bd}{ad-bc} \\ \frac{-ca+ac}{ad-bc} & \frac{-cb+ad}{ad-bc} \end{bmatrix} = \begin{bmatrix} 1 & 0 \\ 0 & 1 \end{bmatrix}$$

임을 확인할 수 있다. 따라서 $A = \begin{bmatrix} a & b \\ c & d \end{bmatrix}$는 가역이고

$$A^{-1} = \begin{bmatrix} \frac{d}{ad-bc} & \frac{-b}{ad-bc} \\ \frac{-c}{ad-bc} & \frac{a}{ad-bc} \end{bmatrix} = \frac{1}{\det(A)} \begin{bmatrix} d & -b \\ -c & a \end{bmatrix}$$

가 된다. □

정의 4.6. $A = [a_{ij}]$를 3×3 행렬이라고 하자.

(1) $1 \leq i,\ j \leq 3$인 자연수 $i,\ j$에 대해 행렬 A에서 i번째 행벡터와 j번째 열벡터를 지우고 남은 2×2 행렬을 M_{ij}라고 하자. 이 때 성분 a_{ij}의 여인자(cofactor)라는 것을

$$A_{ij} = (-1)^{i+j} \det(M_{ij})$$

로 정의한다.

(2) 행렬 A의 행렬식을 다음과 같이 정의한다.

$$\begin{aligned} \det(A) &= a_{11}A_{11} + a_{12}A_{12} + a_{13}A_{13} \\ &= a_{11} \begin{vmatrix} a_{22} & a_{23} \\ a_{32} & a_{33} \end{vmatrix} - a_{12} \begin{vmatrix} a_{21} & a_{23} \\ a_{31} & a_{33} \end{vmatrix} + a_{13} \begin{vmatrix} a_{21} & a_{22} \\ a_{31} & a_{32} \end{vmatrix} \end{aligned}$$

정리 4.4의 경우와 마찬가지로 다음을 얻을 수 있다. 증명은 생략한다.

정리 4.5

3×3 행렬 A가 가역일 필요충분조건은 $\det(A) \neq 0$이다. A가 가역인 경우

$$A^{-1} = \frac{1}{\det(A)} [A_{ij}]^T = \frac{1}{\det(A)} \begin{bmatrix} A_{11} & A_{21} & A_{31} \\ A_{12} & A_{22} & A_{32} \\ A_{13} & A_{23} & A_{33} \end{bmatrix}$$

가 된다.

예 4.14 $A = \begin{bmatrix} 4 & 3 \\ 12 & 9 \end{bmatrix}$일 때 A가 가역이면 A^{-1}를 찾아라.

| 풀이 | A의 행렬식을 계산하면

$$\det(A) = 4 \cdot 9 - 3 \cdot 12 = 0$$

이므로 A는 비가역이다. □

예 4.15 $B = \begin{bmatrix} 0 & -1 \\ 1 & 0 \end{bmatrix}$일 때 B가 가역이면 B^{-1}를 찾아라.

| 풀이 | B의 행렬식을 계산하면

$$\det(B) = 0 \cdot 0 - (-1) \cdot 1 = 1 \neq 0$$

이므로 B는 가역이고 정리 4.4에 의해

$$B^{-1} = \frac{1}{1}\begin{bmatrix} 0 & 1 \\ -1 & 0 \end{bmatrix} = \begin{bmatrix} 0 & 1 \\ -1 & 0 \end{bmatrix}$$

이 된다. □

예 4.16 $A = \begin{bmatrix} 1 & 3 & 2 \\ 1 & 0 & 8 \\ 1 & 2 & 3 \end{bmatrix}$일 때 A가 가역이면 A^{-1}를 찾아라.

| 풀이 | A의 행렬식을 계산하면

$$\det(A) = 1 \cdot \begin{vmatrix} 0 & 8 \\ 2 & 3 \end{vmatrix} - 3 \cdot \begin{vmatrix} 1 & 8 \\ 1 & 3 \end{vmatrix} + 2 \cdot \begin{vmatrix} 1 & 0 \\ 1 & 2 \end{vmatrix} = 3 \neq 0$$

이므로 A는 가역이다. 여인자들을 모두 구해보면

$$A_{11} = (-1)^{1+1} \cdot \begin{vmatrix} 0 & 8 \\ 2 & 3 \end{vmatrix} = -16, \quad A_{12} = (-1)^{1+2} \cdot \begin{vmatrix} 1 & 8 \\ 1 & 3 \end{vmatrix} = 5$$

$$A_{13} = (-1)^{1+3} \cdot \begin{vmatrix} 1 & 0 \\ 1 & 2 \end{vmatrix} = 2, \quad A_{21} = (-1)^{2+1} \cdot \begin{vmatrix} 3 & 2 \\ 2 & 3 \end{vmatrix} = -5$$

$$A_{22} = (-1)^{2+2} \cdot \begin{vmatrix} 1 & 2 \\ 1 & 3 \end{vmatrix} = 1, \quad A_{23} = (-1)^{2+3} \cdot \begin{vmatrix} 1 & 3 \\ 1 & 2 \end{vmatrix} = 1$$

$$A_{31} = (-1)^{3+1} \cdot \begin{vmatrix} 3 & 2 \\ 0 & 8 \end{vmatrix} = 24, \quad A_{32} = (-1)^{3+2} \cdot \begin{vmatrix} 1 & 2 \\ 1 & 8 \end{vmatrix} = -6$$

$$A_{33} = (-1)^{3+3} \cdot \begin{vmatrix} 1 & 3 \\ 1 & 0 \end{vmatrix} = -3$$

이므로 정리 4.5에 의해

$$A^{-1} = \frac{1}{\det(A)} [A_{ij}]^T = \frac{1}{3} \begin{bmatrix} -16 & -5 & 24 \\ 5 & 1 & -6 \\ 2 & 1 & -3 \end{bmatrix} = \begin{bmatrix} -\frac{16}{3} & -\frac{5}{3} & 8 \\ \frac{5}{3} & \frac{1}{3} & -2 \\ \frac{2}{3} & \frac{1}{3} & -1 \end{bmatrix}$$

이 된다. □

정리 4.6

n개의 미지수 $x_1, x_2, \ldots, x_n$을 가지고 n개의 선형방정식으로 구성된 선형연립방정식

$$\begin{cases} a_{11}x_1 + a_{12}x_2 + \cdots + a_{1n}x_n = b_1 \\ a_{21}x_1 + a_{22}x_2 + \cdots + a_{2n}x_n = b_2 \\ \vdots \\ a_{n1}x_1 + a_{n2}x_2 + \cdots + a_{nn}x_n = b_n \end{cases} \tag{4.55}$$

을 생각하자. 만약 선형연립방정식 (4.55)의 계수행렬 A가 가역이라면 (4.55)는 유일한 해벡터

$$\begin{bmatrix} x_1 \\ x_2 \\ \vdots \\ x_n \end{bmatrix} = A^{-1} \begin{bmatrix} b_1 \\ b_2 \\ \vdots \\ b_n \end{bmatrix}$$

을 가진다.

| **증명** | $\mathbf{x} = \begin{bmatrix} x_1 \\ x_2 \\ \vdots \\ x_n \end{bmatrix}$, $\mathbf{b} = \begin{bmatrix} b_1 \\ b_2 \\ \vdots \\ b_n \end{bmatrix}$이라고 하면 선형연립방정식 (4.55)의 행렬형태는 $A\mathbf{x} = \mathbf{b}$가 된다. 이 때 행렬 곱셈의 결합법칙과 항등행렬의 성질을 활용하면

$$A(A^{-1}\mathbf{b}) = (AA^{-1})\mathbf{b} = I_n\mathbf{b} = \mathbf{b}$$

가 되므로 $A^{-1}\mathbf{b}$는 $A\mathbf{x} = \mathbf{b}$의 해벡터임을 알 수 있다.

한편 $\mathbf{c} \in \mathbb{R}^n$가 또다른 해벡터라고 하면 $A\mathbf{c} = \mathbf{b}$를 만족할텐데 이로부터

$$\mathbf{c} = I_n\mathbf{c} = (A^{-1}A)\mathbf{c} = A^{-1}(A\mathbf{c}) = A^{-1}\mathbf{b}$$

를 유도할 수 있다. 따라서 선형연립방정식 (4.55)는 유일한 해벡터 $A^{-1}\mathbf{b}$를 가진다. □

예 4.17 가능하다면 역행렬을 이용해 선형연립방정식

$$\begin{cases} 2x - 3y = 4 \\ x + 2y = 5 \end{cases} \tag{4.56}$$

의 해를 찾아라.

| **풀이** | 미지수와 선형방정식 모두 두 개이므로 계수행렬 $A = \begin{bmatrix} 2 & -3 \\ 1 & 2 \end{bmatrix}$가 가역인지 생각해

본다. 실제로 $\det(A) = 2\cdot 2 - (-3)\cdot 1 = 7$이므로 A는 가역이고 $A^{-1} = \frac{1}{7}\begin{bmatrix} 2 & 3 \\ -1 & 2 \end{bmatrix}$가 된다. 따라서 선형연립방정식 (4.56)은 유일한 해벡터

$$\begin{bmatrix} x \\ y \end{bmatrix} = A^{-1}\begin{bmatrix} 4 \\ 5 \end{bmatrix} = \frac{1}{7}\begin{bmatrix} 2 & 3 \\ -1 & 2 \end{bmatrix}\begin{bmatrix} 4 \\ 5 \end{bmatrix} = \frac{1}{7}\begin{bmatrix} 23 \\ 6 \end{bmatrix} = \begin{bmatrix} \frac{23}{7} \\ \frac{6}{7} \end{bmatrix}$$

을 가진다. (또는, 유일한 해 $x = \frac{23}{7},\ y = \frac{6}{7}$을 가진다.) □

예 4.18 가능하다면 역행렬을 이용해 선형연립방정식

$$\begin{cases} x + 2y + 3z = 2 \\ x + y + 2z = 0 \\ y = -1 \end{cases} \tag{4.57}$$

의 해를 찾아라.

| 풀이 | 예 4.12에 의해 계수행렬 $A = \begin{bmatrix} 1 & 2 & 3 \\ 1 & 1 & 2 \\ 0 & 1 & 0 \end{bmatrix}$은 가역이고, 따라서 선형연립방정식 (4.57)은 유일한 해벡터

$$\begin{bmatrix} x \\ y \\ z \end{bmatrix} = A^{-1}\begin{bmatrix} 2 \\ 0 \\ -1 \end{bmatrix} = \begin{bmatrix} -2 & 3 & 1 \\ 0 & 0 & 1 \\ 1 & -1 & -1 \end{bmatrix}\begin{bmatrix} 2 \\ 0 \\ -1 \end{bmatrix} = \begin{bmatrix} -5 \\ -1 \\ 3 \end{bmatrix}$$

을 가진다. (또는, 유일한 해 $x = -5,\ y = -1,\ z = 3$을 가진다.) □

연습문제 4.4

1. A가 3×3 행렬이고 c가 스칼라일 때 $\det(cA) = c^3 \det(A)$임을 증명하라.

2. 행렬 $A = \begin{bmatrix} 1 & 3 & 1 \\ 4 & 9 & 2 \\ -3 & -4 & 0 \end{bmatrix}$이 가역인지 아닌지 보이고, 가역인 경우 A^{-1}를 계산하라.

3. 행렬 $\begin{bmatrix} -1 & c & 0 \\ c-4 & 4 & 0 \\ 0 & 0 & c-5 \end{bmatrix}$가 비가역이 되도록 하는 모든 상수 c 를 찾아라.

4. 역행렬을 활용해서 선형연립방정식

$$\begin{cases} 2x + 5y + 3z = -1 \\ x + 2y + 3z = 4 \\ x + 8z = 0 \end{cases}$$

의 해를 찾아라.

4.5 종합문제

1. 가우스-조단 소거법을 이용해서 다음 선형연립방정식의 모든 해를 찾아라.

$$\begin{cases} x_1 + 3x_2 + 4x_4 + 2x_5 + 9x_6 = 3 \\ -x_1 - 3x_2 + 2x_3 - 2x_5 = 2 \\ 3x_3 + 6x_4 + 9x_6 = 3 \end{cases}$$

2. 기본행연산을 이용해서 다음 선형연립방정식이 해를 가지게 하는 상수 c_1, c_2, c_3, c_4의 조건을 찾아라.

$$\begin{cases} 2x_1 - x_2 - 5x_3 - x_4 = c_1 \\ x_1 - x_2 + 3x_3 + 2x_4 = c_2 \\ 3x_1 - 2x_2 - 2x_3 + x_4 = c_3 \\ 4x_1 - 3x_2 + x_3 + 3x_4 = c_4 \end{cases}$$

3. 정방행렬 A가 적어도 하나의 영행벡터를 가진다고 할 때 A는 비가역임을 증명하라.

4. 정방행렬 A가 적어도 하나의 영열벡터를 가진다고 할 때 A는 비가역임을 증명하라.

5. 대각행렬 A가 가역일 동치조건은 A의 주대각선에 있는 모든 성분이 0이 아니라는 것을 보여라.

6. 기본행연산을 이용해서 다음의 행렬이 가역인지 아닌지 보이고, 가역일 경우 역행렬을 찾아라.

(1) $A = \begin{bmatrix} 1 & 0 & 1 \\ 0 & 1 & 1 \\ 1 & 1 & 0 \end{bmatrix}$

(2) $B = \begin{bmatrix} 1 & 0 & 1 \\ 2 & 0 & 1 \\ 3 & 2 & 1 \end{bmatrix}$

7. 임의의 0이 아닌 실수 c에 대해 행렬 $\begin{bmatrix} 0 & 0 & 1 & c \\ 0 & 1 & c & 0 \\ 1 & c & 0 & 0 \\ c & 0 & 0 & 0 \end{bmatrix}$은 항상 가역임을 보여라.

8. 임의의 실수 a, b, c에 대해 다음을 보여라.

$$\begin{vmatrix} 1 & a & a^2 \\ 1 & b & b^2 \\ 1 & c & c^2 \end{vmatrix} = (b-a)(c-a)(c-b)$$

9. 행렬식을 활용해서 행렬 $\begin{bmatrix} 1 & c & 1 \\ 0 & 1 & c \\ c & 1 & 0 \end{bmatrix}$이 가역이 되도록 하는 모든 실수 c를 찾아라.

10. 역행렬을 활용해서 선형연립방정식

$$\begin{cases} \quad\quad\;\; 3y + z = 10 \\ 3x + 2y + 4z = 5 \\ x + y + 2z = -5 \end{cases}$$

의 해를 찾아라.

Chapter 5

함수의 미분

5.1 함수의 극한과 연속

5.1.1 함수의 극한

극한의 개념

이 절에서 공부할 함수의 극한의 개념은 미분적분학 이론의 토대가 되는 중요한 개념이다. 먼저 함수의 극한에 대한 정의를 직관적으로 이해해보자.

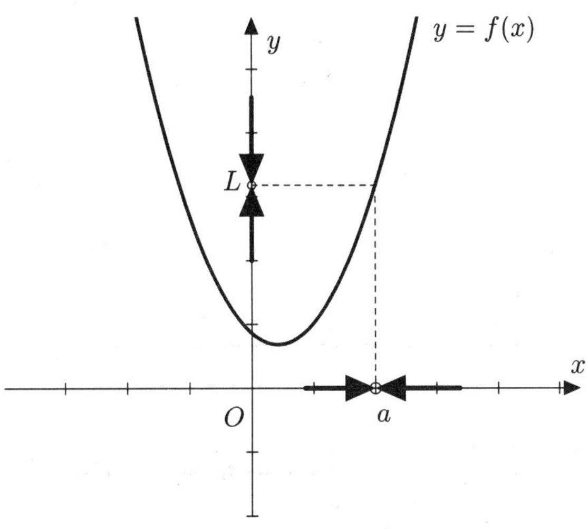

그림 5.1: 함수의 극한

정의 5.1. 함수 $f(x)$에 대해서 변수 x가 a이외의 값을 가지면서 한없이 a에 접근할 때 $f(x)$의 값이 일정한 값 L에 한없이 접근하게 되면, x가 a에 접근할 때 $f(x)$의 **극한값**은 L이다(또는, $f(x)$는 L에 **수렴한다**)라고 하고

$$\lim_{x\to a} f(x) = L \quad \text{또는} \quad f(x) \to L \ (x \to a)$$

로 나타낸다. 이 정의에서 a는 $f(x)$의 정의역에 있어도 되고 없어도 된다.

예 5.1 다음 극한을 구하여라.

(1) $\lim_{x\to a} c$ (단, $c \in \mathbb{R}$)

(2) $\lim_{x\to a} x$

| **풀이** | (1) $f(x) = c$라고 하자. 변수 x가 a에 가깝게 접근할 때 함수 f의 값은 언제나 c이므로

$$\lim_{x\to a} c = c$$

가 성립한다.

(2) $f(x) = x$라고 하자. 그러면 변수 x가 a에 가깝게 접근할수록 함수 f의 값 역시 a로 접근한다. 따라서

$$\lim_{x\to a} x = a$$

가 성립한다.

□

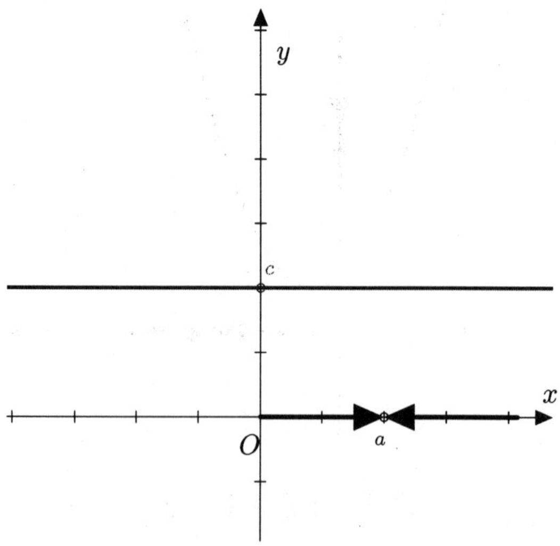

그림 5.2: 함수 $f(x) = c$의 그래프

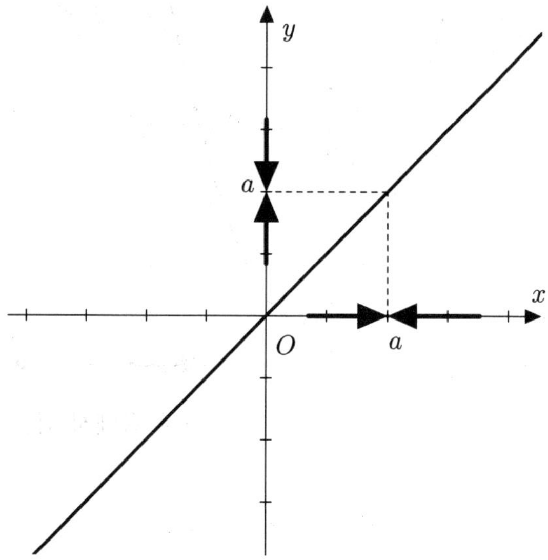

그림 5.3: 함수 $f(x) = x$의 그래프

변수 x가 a보다 큰 값을 취하면서 a에 접근하는 것을

$$x \to a^+$$

로 나타낸다. 이는 x값을 나타내는 수직선에서 변수 x가 오른쪽에서 왼쪽 방향으로 a에 접근하는 상황을 말한다. 비슷하게, 변수 x가 a보다 작은 값을 취하면서 a에 접근하는 것을

$$x \to a^-$$

로 나타낸다.

정의 5.2. (1) $x \to a^+$일 때 함수 $f(x)$가 일정한 값 L에 한없이 접근하게 되면

$$\lim_{x \to a^+} f(x) = L$$

로 쓰고 L을 a에서 $f(x)$의 **우극한(값)**이라 한다. 마찬가지로,

(2) $x \to a^-$일 때 함수 $f(x)$가 일정한 값 L에 한없이 접근하게 되면

$$\lim_{x \to a^-} f(x) = L$$

로 쓰고 L을 a에서 $f(x)$의 **좌극한(값)**이라 한다.

이 때도 a는 함수 $f(x)$의 정의역에 있어도 되고 없어도 된다.

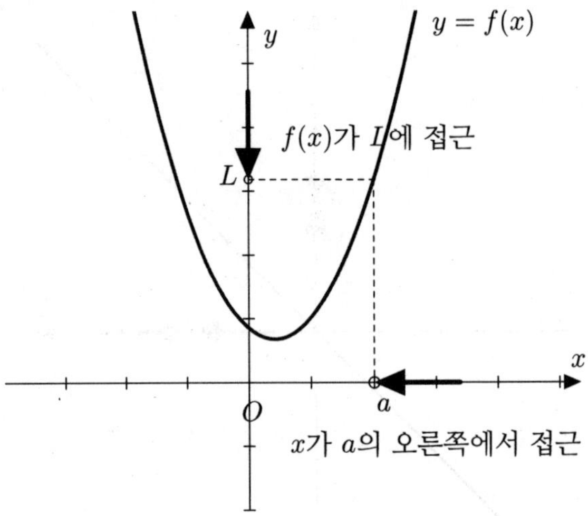

그림 5.4: 함수의 우극한

좌극한과 우극한을 통해 함수의 극한의 정의를 다시 쓰면 다음과 같다.

정리 5.1

$\lim_{x\to a} f(x) = L$이기 위한 필요충분조건은 $\lim_{x\to a^+} f(x) = L$이고 $\lim_{x\to a^-} f(x) = L$이다.

예 5.2 함수

$$f(x) = \begin{cases} x+1, & x \geq 0 \\ x-1, & x < 0 \end{cases}$$

의 0에서의 극한은 존재하는가?

|**풀이**| 함수의 그래프를 그려보면 $x = 0$을 경계로 함수의 그래프가 둘로 나뉜다는 것을 알 수 있다. 0에서 f의 우극한과 좌극한을 각각 계산해보면

$$\lim_{x\to 0^+} f(x) = \lim_{x\to 0^+} (x+1) = 1$$
$$\lim_{x\to 0^-} f(x) = \lim_{x\to 0^-} (x-1) = -1$$

이 되어 정리 5.1에 의해 $\lim_{x\to 0} f(x)$는 존재하지 않는다. □

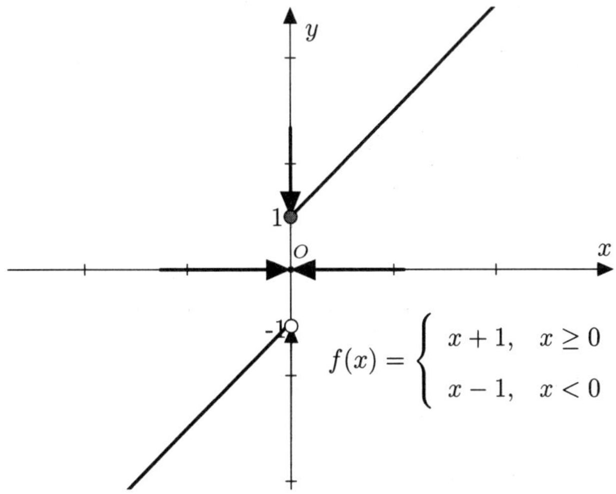

그림 5.5: 예 5.2 함수의 그래프

예 5.3 함수 $f(x) = \dfrac{x}{|x|}$의 0에서의 극한은 존재하는가?

| **풀이** | $f(x)$는 $x > 0$일 때 1이고, $x < 0$일 때 -1이기 때문에

$$\lim_{x \to 0^+} f(x) = 1, \quad \lim_{x \to 0^-} f(x) = -1$$

이 되어 정리 5.1에 의해 $\lim_{x \to 0} f(x)$는 존재하지 않는다. □

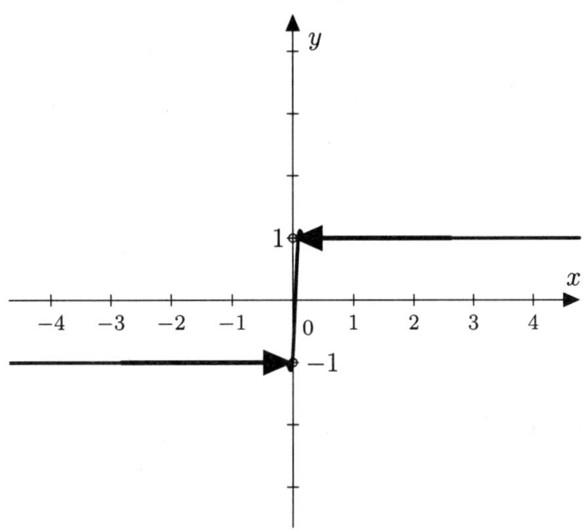

그림 5.6: 함수 $f(x) = \dfrac{x}{|x|}$의 그래프

예 5.4 $\lim_{x\to 0}|x| = 0$임을 보여라.

| **풀이** | 함수 $f(x) = |x|$는 $x \geq 0$일 때 x이고, $x < 0$일 때 $-x$이기 때문에

$$\lim_{x\to 0^+}|x| = \lim_{x\to 0^+} x = 0, \quad \lim_{x\to 0^-}|x| = \lim_{x\to 0^-}(-x) = 0$$

이다. 따라서 정리 5.1에 의해 $\lim_{x\to 0}|x| = 0$이다. □

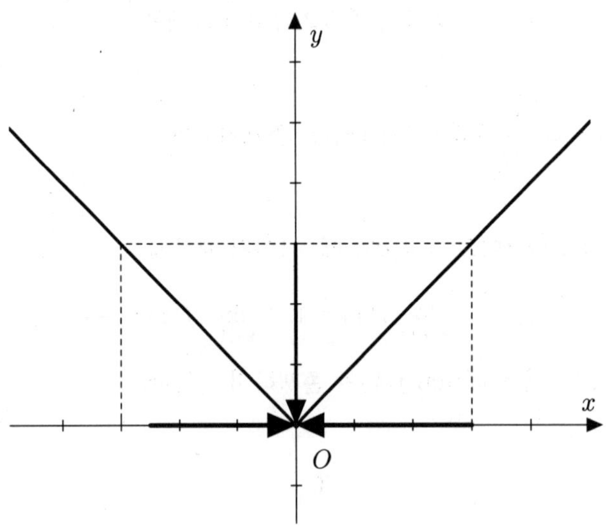

그림 5.7: 함수 $f(x) = |x|$의 그래프

예 5.5 최대정수함수 $f(x) = [x]$의 2에서의 극한값 존재여부를 조사하여라.

| **풀이** | $f(x)$는 $x \geq 2$일 때 2이고, $x < 2$일 때 1이기 때문에

$$\lim_{x\to 2^+}[x] = 2, \quad \lim_{x\to 2^-}[x] = 1$$

이다. 따라서 정리 5.1에 의해 $\lim_{x\to 2} f(x)$는 존재하지 않는다. □

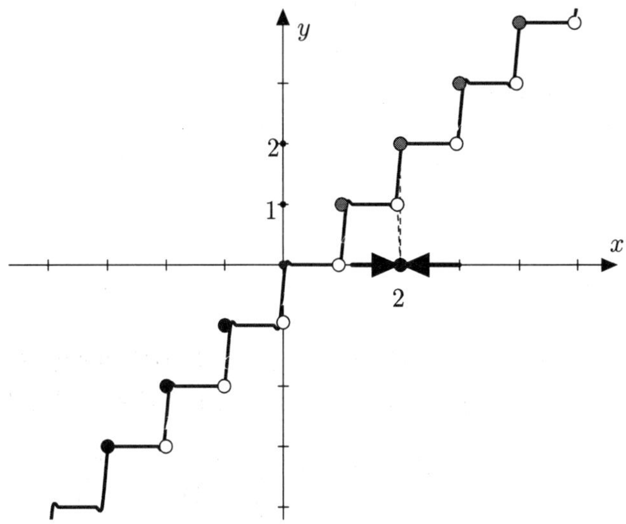

그림 5.8: 함수 $f(x) = [x]$의 그래프

극한값에 관한 정리

사칙연산과 극한은 순서를 바꾸어도 된다는 다음의 성질이 성립한다.

정리 5.2

L, M, k가 실수이고 $\lim_{x\to a} f(x) = L$이고 $\lim_{x\to a} g(x) = M$이면 다음 법칙들이 성립한다.

(1) $\lim_{x\to a}(f(x) \pm g(x)) = L \pm M$ (복호동순)

(2) $\lim_{x\to a} kf(x) = kL$

(3) $\lim_{x\to a} f(x)g(x) = LM$

(4) $\lim_{x\to a} \dfrac{fx)}{g(x)} = \dfrac{L}{M}$ (단, $M \neq 0$)

(5) 서로소인 정수 r과 s에 대하여 $L^{r/s}$이 실수이면 (s가 짝수라면 $L > 0$으로 가정한다) $\lim_{x\to a} f(x)^{r/s} = L^{r/s}$ 이다.

예 5.6 다음 극한값을 구하여라.

(1) $\lim_{x\to a}(x^3 + 4x^2 - 3)$

(2) $\lim_{x\to 1} \dfrac{x^2 - 3}{x + 5}$

| 풀이 | (1) $\lim_{x\to a}(x^3 + 4x^2 - 3) = (\lim_{x\to a} x)^3 + 4(\lim_{x\to a} x)^2 - \lim_{x\to a} 3 = a^3 + 4a^2 - 3$

(2) $\lim_{x\to 1} \dfrac{x^2 - 3}{x + 5} = \dfrac{\lim_{x\to 1}(x^2 - 3)}{\lim_{x\to 1}(x + 5)} = \dfrac{1 - 3}{1 + 5} = -\dfrac{1}{3}$

□

예 5.7 다음 극한값을 구하여라.

(1) $\lim_{x\to 1}\frac{x^2+x-2}{x^2-x}$

(2) $\lim_{x\to 0}\frac{\sqrt{x^2+100}-10}{x^2}$

| **풀이** | 위의 문제들은 분모의 극한이 0이 되므로 정리 5.2 (4)를 이용할 수는 없다.

(1) $x\to 1$이므로 $x\neq 1$이고, 따라서 $x=1$ 부근에서 다음 등식이 성립한다.

$$\frac{x^2+x-2}{x^2-x}=\frac{(x+2)(x-1)}{x(x-1)}=\frac{x+2}{x}$$

따라서

$$\lim_{x\to 1}\frac{x^2+x-2}{x^2-x}=\lim_{x\to 1}\frac{x+2}{x}=3$$

이 된다.

(2) $x\to 0$이므로 $x\neq 0$이고, 따라서 $x=0$ 부근에서 다음 등식이 성립한다.

$$\begin{aligned}\frac{\sqrt{x^2+100}-10}{x^2}&=\frac{(\sqrt{x^2+100}-10)(\sqrt{x^2+100}+10)}{x^2(\sqrt{x^2+100}+10)}\\&=\frac{x^2}{x^2(\sqrt{x^2+100}+10)}\\&=\frac{1}{\sqrt{x^2+100}+10}\end{aligned}$$

따라서

$$\lim_{x\to 0}\frac{\sqrt{x^2+100}-10}{x^2}=\lim_{x\to 0}\frac{1}{\sqrt{x^2+100}+10}=\frac{1}{20}$$

이 된다.

□

극한을 계산하는 데 있어서 정리 5.2 이외에도 다음과 같은 기본적인 정리가 쓰이기도 한다.

정리 5.3: 샌드위치 정리 (Sandwitch Theorem)

점 a를 포함하는 적당한 열린구간에 있는 모든 x에 대해서 $g(x)\leq f(x)\leq h(x)$이고, $\lim_{x\to a}g(x)=\lim_{x\to a}h(x)=L$이면 $\lim_{x\to a}f(x)=L$이 된다.

예 5.8 모든 x에 대하여 $1 \le f(x) \le x^2+2x+2$일 때 $\lim_{x\to -1} f(x)$를 구하여라.

| 풀이 | $\lim_{x\to -1} 1 = 1$이고 $\lim_{x\to -1}(x^2+2x+2) = 1$이므로 정리 5.3에 의하여

$$\lim_{x\to -1} f(x) = 1$$

이 된다. □

연습문제 5.1

1. 다음 극한을 구하여라.
   (1) $\lim_{x\to 2}(5x^3-3x^2+x+1)$
   (2) $\lim_{x\to 5}\dfrac{3x^2+4x}{x-1}$
   (3) $\lim_{x\to 3}(x^2+2)(x-4)$
   (4) $\lim_{x\to 2}(x^2-\sqrt{x+1})$
   (5) $\lim_{x\to 2}\dfrac{x-2}{x^2-4}$
   (6) $\lim_{x\to 1}\dfrac{x^2-1}{x^3-1}$
   (7) $\lim_{x\to 3}\dfrac{\sqrt{x+1}-2}{x-3}$
   (8) $\lim_{x\to 1}\dfrac{x-1}{\sqrt{x^2+4}-\sqrt{5}}$

2. 다음 극한을 조사하여라.
   (1) $\lim_{x\to 0}\dfrac{x^2}{|x|}$
   (2) $\lim_{x\to 0}[3-x^2]$

3. 다음 함수 $f(x)$에 대하여 아래 극한값을 구하여라.

$$f(x) = \begin{cases} x+1, & x \ge 2 \\ \frac{1}{4}x^2, & 0 \le x < 2 \\ -2x+1, & x < 0 \end{cases}$$

   (1) $\lim_{x\to 2^+} f(x)$
   (2) $\lim_{x\to 2^-} f(x)$
   (3) $\lim_{x\to 0^+} f(x)$

(4) $\lim_{x \to 0^-} f(x)$

4. 아래의 그래프를 가지는 함수 $f(x)$에 대하여 다음 극한값이 존재하면 구하고 존재하지 않으면 이유를 설명하여라.

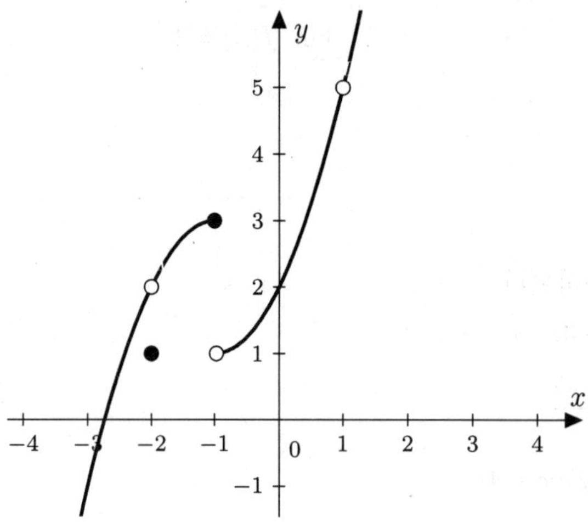

그림 5.9: 함수의 그래프

(1) $\lim_{x \to -2} f(x)$
(2) $\lim_{x \to -1} f(x)$
(3) $\lim_{x \to 1} f(x)$

5. $\lim_{x \to -2} \dfrac{3x^2 + ax + a + 3}{x^2 + x - 2}$이 존재하도록 하는 a를 구하고, 그 경우의 극한값을 구하여라.

6. $0 < x < 3$에서 함수 $f(x)$가 $2x - 1 \le f(x) \le x^2$을 만족한다고 하자. 이 때 $\lim_{x \to 1} f(x)$를 구하여라.

5.1.2 무한대에서의 극한과 무한극한

이 절에서는 무한대에서의 함수의 극한을 알아보고, 또한 한 점에서의 극한이 존재하지 않고 무한대로 커지거나 무한소로 작아지는 경우에 대하여 알아보기로 하자.

무한대에서의 극한

무한대(∞)에 대한 기호는 실수를 나타내지는 않으나, 정의역이나 치역에 있는 값들이 모두 유한 경계를 크게 벗어날 때 함수의 움직임을 묘사하기 위해서 사용한다.

정의 5.3 (무한대에서의 극한). (1) 변수 x가 한없이 커져갈 때, $f(x)$가 일정한 값 L에 한없이 가까워지게 되면

$$\lim_{x \to \infty} f(x) = L \quad \text{또는} \quad f(x) \to L \ (x \to \infty)$$

로 나타낸다.

(2) 변수 x가 음의 값을 가지면서 그 절댓값은 한없이 커져갈 때, $f(x)$가 일정한 값 L에 한없이 가까워지게 되면

$$\lim_{x \to -\infty} f(x) = L \quad \text{또는} \quad f(x) \to L \ (x \to -\infty)$$

로 나타낸다.

또한 x의 값이 충분히 커질 때 함수값 $f(x)$가 한없이 커지면 함수 f는 양의 무한대로 발산한다고 하고

$$\lim_{x \to \infty} f(x) = \infty$$

로 나타낸다. 마찬가지로

$$\lim_{x \to \infty} f(x) = -\infty, \quad \lim_{x \to -\infty} f(x) = \infty, \quad \lim_{x \to -\infty} f(x) = -\infty$$

등에 대한 의미도 쉽게 파악할 수 있다.

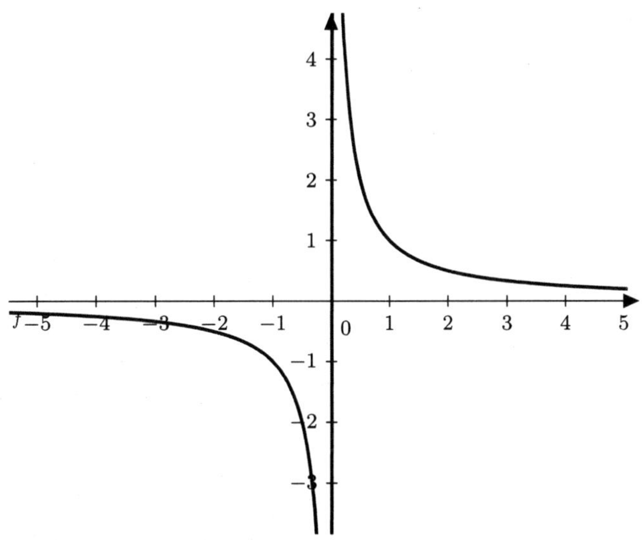

그림 5.10: 함수 $f(x) = \dfrac{1}{x}$의 그래프

위의 그림에서 보듯이 다음의 결과는 명확하다.

예 5.9

(1) $\lim_{x\to\pm\infty} k = k$

(2) $\lim_{x\to\pm\infty} \frac{1}{x} = 0$

무한대에서 극한도 유한극한의 성질들과 비슷한 성질들을 갖는다.

정리 5.4

$x \to \pm\infty$일 때 L, M, k가 실수이고 $\lim_{x\to\pm\infty} f(x) = L$이고 $\lim_{x\to\pm\infty} g(x) = M$이면 다음 법칙들이 성립한다.

(1) $\lim_{x\to\pm\infty} (f(x) \pm g(x)) = L \pm M$ (복호동순)

(2) $\lim_{x\to\pm\infty} kf(x) = kL$

(3) $\lim_{x\to\pm\infty} f(x)g(x) = LM$

(4) $\lim_{x\to\pm\infty} \frac{fx)}{g(x)} = \frac{L}{M}$ (단, $M \neq 0$)

(5) 서로소인 정수 r과 s에 대하여 $L^{r/s}$ 가 실수이면 (s가 짝수라면 $L > 0$으로 가정한다) $\lim_{x\to\pm\infty} f(x)^{r/s} = L^{r/s}$이다.

예 5.10 다음 극한값을 구하여라.

(1) $\lim_{x\to\infty} \left(5 + \frac{1}{x}\right)$

(2) $\lim_{x\to\infty} \frac{\pi\sqrt{3}}{x^2}$

| 풀이 | (1) $\lim_{x\to\infty} \left(5 + \frac{1}{x}\right) = 5 + \lim_{x\to\infty} \frac{1}{x} = 5$

(2) $\lim_{x\to\infty} \frac{\pi\sqrt{3}}{x^2} = \pi\sqrt{3} \lim_{x\to\infty} \frac{1}{x^2} = \pi\sqrt{3} \cdot 0 = 0$

□

$\lim_{x\to\pm\infty} |f(x)| = \infty$이고 $\lim_{x\to\pm\infty} |g(x)| = \infty$인 두 함수 f와 g에 대하여 다음과 같은 형태의 극한들

$$\lim_{x\to\pm\infty} \frac{f(x)}{g(x)}, \quad \lim_{x\to\pm\infty} (f(x) - g(x))$$

도 극한값의 존재 여부가 일정하지 않는 부정형의 극한이다. 이러한 부정형의 극한은 적당한 식의 변형을 통하여 극한값을 계산할 수 있다.

예 5.11 극한 $\lim_{x\to\infty} \frac{5x^2 + 8x - 3}{3x^2 + 2}$을 조사하여라.

| 풀이 | $\dfrac{5x^2+8x-3}{3x^2+2}$은 x가 커짐에 따라 분모와 분자가 동시에 커지므로 이와 같은 경우에는 분모다항식의 최고차항 x^2으로 분모와 분자를 나누어 정리 5.4를 적용하면 다음이 구해진다.

$$\lim_{x\to\infty}\frac{5x^2+8x-3}{3x^2+2}=\lim_{x\to\infty}\frac{5+\frac{8}{x}-\frac{3}{x^2}}{3+\frac{2}{x^2}}=\frac{5}{3}$$

□

예 5.12 극한 $\displaystyle\lim_{x\to-\infty}\frac{2x+1}{\sqrt{x^2-1}+2}$을 조사하여라.

| 풀이 | $x=-t$로 치환하면

$$\lim_{x\to-\infty}\frac{2x+1}{\sqrt{x^2-1}+2}=\lim_{t\to\infty}\frac{-2t+1}{\sqrt{t^2-1}+2}$$

로서 $\frac{\infty}{\infty}$형의 부정형인데, t로 분모와 분자를 나눈 후 정리 5.4를 적용하면 다음이 구해진다.

$$\lim_{x\to-\infty}\frac{2x+1}{\sqrt{x^2-1}+2}=\lim_{t\to\infty}\frac{-2+(1/t)}{\sqrt{1-(1/t^2)}+(2/t)}=-2$$

□

무한극한

무한극한은 함수의 값이 임의로 양 또는 음으로 커지는 함수를 표현하는 유용한 용어이다.

정의 5.4 (무한극한). f가 점 a의 근방에서 정의된 함수 (점 a에서 정의되지 않은 경우도 포함)라고 하자.

(1) $x\to a$일 때 함수값 $f(x)$가 임의로 양으로 커지는 것을 $\displaystyle\lim_{x\to a}f(x)=\infty$로 나타낸다. 이를 $f(x)$가 ∞로 접근한다고 한다.

(2) $x\to a$일 때 함수값 $f(x)$가 임의로 음으로 작아지는 것을 $\displaystyle\lim_{x\to a}f(x)=-\infty$로 나타낸다. 이를 $f(x)$가 $-\infty$로 접근한다고 한다.

한 쪽에서의 무한극한에 대해서도 정의가 가능하다. 이미 $x\to a^-$ 는 a보다 작은 x에 대해서만 생각하고 $x\to a^+$는 a보다 큰 x에 대해서만 생각한다는 것을 알고 있다. 따라서 다음과 같이 네 가지 경우의 정의가 가능하다.

$$\lim_{x\to a^-}f(x)=\infty,\quad \lim_{x\to a^+}f(x)=\infty,\quad \lim_{x\to a^-}f(x)=-\infty,\quad \lim_{x\to a^+}f(x)=-\infty$$

예 5.13 n이 자연수일 때 $\lim_{x\to 0}\frac{1}{x^{2n}}=\infty$이다.

예 5.14 함수 $f(x)=x^3+ax^2+bx+c$에 대해서

$$\lim_{x\to-\infty}f(x)=-\infty,\quad \lim_{x\to\infty}f(x)=\infty$$

임을 증명하여라.

| 풀이 | 우선

$$\lim_{x\to-\infty}x^3=-\infty,\quad \lim_{x\to-\infty}\frac{1}{x^n}=0\ (n=1,2,3)$$

이므로

$$\lim_{x\to-\infty}f(x)=\lim_{x\to-\infty}x^3\left(1+\frac{a}{x}+\frac{b}{x^2}+\frac{c}{x^3}\right)=-\infty$$

가 된다. 마찬가지로

$$\lim_{x\to\infty}x^3=\infty,\quad \lim_{x\to-\infty}\frac{1}{x^n}=0\ (n=1,2,3)$$

이므로 $\lim_{x\to\infty}f(x)=\infty$를 얻을 수 있다. □

연습문제 5.2

1. 다음 극한을 조사하여라.
   (1) $\lim_{x\to\infty}\frac{3x^2-x+2}{4x^2+x+1}$
   (2) $\lim_{x\to\infty}\sqrt{\frac{12x^3-5x+2}{1+4x^2+3x^3}}$
   (3) $\lim_{x\to-\infty}\frac{1-x-x^2}{2x^2-7}$
   (4) $\lim_{x\to-\infty}\frac{\sqrt{9x^6-x}}{x^3+1}$
   (5) $\lim_{x\to\infty}\left(x-\sqrt{x^2-2x}\right)$
   (6) $\lim_{x\to\infty}\sqrt{x}$
   (7) $\lim_{x\to\infty}\left(\frac{1}{x}-\frac{1-x}{x}\right)$
   (8) $\lim_{x\to-\infty}\frac{x-1}{x+2}$
   (9) $\lim_{x\to\infty}\left(\sqrt{9x^2+x}-3x\right)$

2. 다음 극한을 조사하여라.

(1) $\lim_{x \to 5^-} \frac{6}{x-5}$

(2) $\lim_{x \to 1} \frac{2-x}{(x-1)^2}$

(3) $\lim_{x \to 2^+} \frac{x-1}{x^2(x+2)}$

(4) $\lim_{x \to 5^+} \ln(x-5)$

5.1.3 함수의 연속

함수의 연속성

함수의 극한에서 x가 a에 접근할 때 함수의 극한값이 때때로 a에서의 함수의 값을 계산함으로 간단히 구할 수 있음을 보았다. 이러한 성질을 가지는 함수들을 a에서 **연속**이라 부른다. 연속의 수학적 정의는 일상생활에서 단어 연속의 의미와 밀접한 관계가 있음을 보게 될 것이다.

정의 5.5. (1) 함수 f가 점 a에서 정의되고

$$\lim_{x \to a} f(x) = f(a)$$

를 만족하면 함수 f는 a에서 **연속**(continuos)이라고 한다.

(2) f가 a에서 연속이 아니면 f는 a에서 **불연속**(discontinuos)이라고 한다. 또는 f는 a에서 **불연속성을 갖는다**고 말한다.

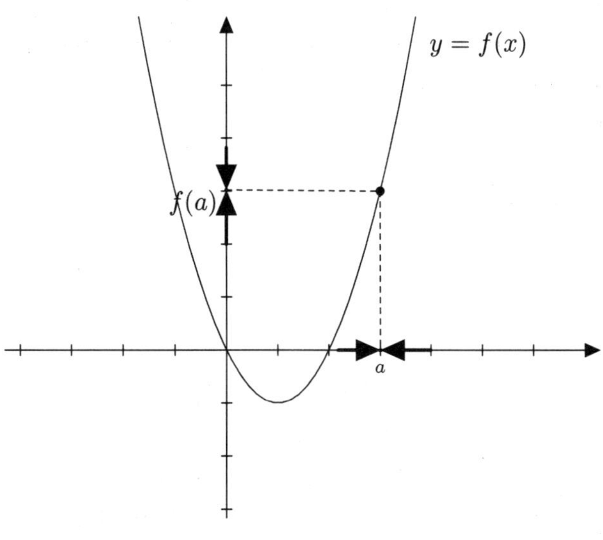

그림 5.11: 함수의 연속

예 5.15 함수 $f(x) = \dfrac{x^2 - x - 2}{x - 2}$는 $f(2)$가 정의되어 있지 않으므로 $x = 2$에서 불연속이다.

예 5.16 함수

$$f(x) = \begin{cases} \dfrac{x^2 - x - 2}{x - 2}, & x \neq 2 \\ 1, & x = 2 \end{cases}$$

가 $x = 2$에서 연속인지 조사하여라.

| **풀이** | $f(2) = 1$로 정의되고, 극한값도

$$\lim_{x \to 2} f(x) = \lim_{x \to 2} \frac{x^2 - x - 2}{x - 2} = \lim_{x \to 2} \frac{(x-2)(x+1)}{x - 2} = \lim_{x \to 2}(x + 1) = 3$$

으로 존재하지만 이들이 서로 다르므로 $x = 2$에서 연속이 아니다. □

예 5.17 함수

$$f(x) = \begin{cases} \dfrac{1}{x^2}, & x \neq 0 \\ 1, & x = 0 \end{cases}$$

이 $x = 0$에서 연속인지 조사하여라.

| **풀이** | $f(0) = 1$은 정의되지만, $\lim_{x \to 0} f(x) = \lim_{x \to 0} \dfrac{1}{x^2}$은 극한값을 가지지 않으므로 함수 $f(x)$는 $x = 0$에서 연속이 아니다. □

정의 5.6. (1) 함수 f가 a의 오른쪽으로 연속이라는 것은

$$\lim_{x \to a^+} f(x) = f(a)$$

일 때이고, a의 왼쪽으로 연속이라는 것은

$$\lim_{x \to a^-} f(x) = f(a)$$

일 때를 말한다.

(2) 함수 f가 구간 내의 모든 점에서 연속일 때 그 **구간에서 연속**이라 한다.

(3) 구간의 끝점에서 연속이란 오른쪽으로부터 연속 또는 왼쪽으로부터 연속을 의미한다.

함수의 연속성을 증명하기 위하여 정의를 사용하는 대신, 간단한 연속함수들로부터 복잡한 연속함수들을 구성해가는 다음 정리를 사용하는 것이 때때로 편리하다.

정리 5.5

두 함수 f와 g가 a에서 연속이고 c가 상수이면, 다음 함수들도 a에서 연속이다.

(1) $f \pm g$

(2) cf

(3) fg

(4) $\dfrac{f}{g}$ (단, $g(a) \neq 0$)

|증명| 이 정리는 정리 5.2에 의하여 증명된다. 예를 들어 (1)을 증명해보자. f와 g가 a에서 연속이므로

$$\lim_{x \to a} f(x) = f(a), \quad \lim_{x \to a} g(x) = g(a)$$

이다. 그러므로 정리 5.2 (1)에 의해

$$\begin{aligned}\lim_{x \to a} (f \pm g)(x) &= \lim_{x \to a} (f(x) \pm g(x)) \\ &= \lim_{x \to a} f(x) \pm \lim_{x \to a} g(x) \\ &= f(a) \pm g(a) \\ &= (f \pm g)(a)\end{aligned}$$

가 성립한다. 이 사실로부터 $f \pm g$는 a에서 연속임을 알 수 있다. □

예 5.18 다음 함수들 중에서 실수 구간에서 연속인 함수는 어느 것인가?

(1) $f(x) = \dfrac{x^2 - 9}{x - 3}$

(2) $f(x) = |x|$

(3) $f(x) = \sqrt{x + 13}$

(4) $f(x) = \dfrac{1}{x}$

|풀이| (1) $x = 3$에서 정의되지 않으므로 이 점에서 불연속이다.

(2) $x \geq 0$이면 $f(x) = x$이고, $x < 0$이면 $f(x) = -x$이다. 이 때 임의의 한 점이 $a \geq 0$이면 극한과 함수값이 일치한다. 즉, $\lim_{x \to a} x = a = f(a)$이다. 또한 $a < 0$일 때도 $\lim_{x \to a} -x = -a = f(a)$가 성립한다. 그래서 모든 실수에 대해 연속이다.

(3) $x + 13 < 0$에서 정의되지 않으므로 이 함수는 $x \geq -13$ 에서만 연속한다.

(4) $x = 0$인 점에서 정의되지 않기 때문에 이 점에서 불연속이다.

□

합성함수의 연속성

함수 $y = f(t)$의 정의역이 함수 $t = g(x)$의 치역을 포함하고 있을 때, 합성함수 $y = f(g(x))$가 정의된다. 합성함수의 연속성에 대해서 다음과 같은 정리들이 성립한다.

정리 5.6

f가 b에서 연속이고 $\lim_{x\to a} g(x) = b$이면 다음이 성립한다.

$$\lim_{x\to a} f(g(x)) = f(b) = f(\lim_{x\to a} g(x))$$

예 5.19 $\lim_{x\to 1}\sqrt{\dfrac{x^2+2x-3}{x-1}}$을 구하여라.

| 풀이 | $f(x) = \sqrt{x}$, $g(x) = \dfrac{x^2+2x-3}{x-1}$라 놓자. 이 때

$$\lim_{x\to 1} g(x) = \lim_{x\to 1}\frac{(x-1)(x+3)}{x-1} = \lim_{x\to 1}(x+3) = 4$$

이고, $f(x) = \sqrt{x}$는 $x = 4$에서 연속이므로 정리 5.6에 의해

$$\lim_{x\to 1}\sqrt{\frac{x^2+2x-3}{x-1}} = \sqrt{\lim_{x\to 1}\frac{x^2+2x-3}{x-1}} = 2$$

가 된다. □

정리 5.7

g가 a에서 연속이고 f가 $g(a)$에서 연속이면 $(f\circ g)(x) = f(g(x))$는 a에서 연속이다.

| 증명 | 함수 g가 a에서 연속이므로 $\lim_{x\to a} g(x) = g(a)$인데, f는 $g(a)$에서 연속이므로 정리 5.6에 의해 $\lim_{x\to a} f(g(x)) = f(g(a))$가 된다. 따라서 합성함수 $f\circ g$는 a에서 연속이다. □

연습문제 5.3

1. 다음 함수의 $x = 0$에서 연속성을 조사하시오.

(1) $f(x) = \begin{cases} \dfrac{|x|}{x}, & x \neq 0 \\ 0, & x = 0 \end{cases}$

(2) $g(x) = x - [x]$ (단, $[x]$는 최대정수함수)

(3) $h(x) = \begin{cases} 5x-1, & x \neq 0 \\ -1, & x = 0 \end{cases}$

2. 다음 함수가 연속이 되는 x값의 범위를 구하여라.

   (1) $f(x) = \frac{1}{3}x^2 - \frac{1}{3}x + 3$

   (2) $g(x) = |x^2 - 2x - 3|$

   (3) $f(x) = \frac{x^3 - 1}{x - 1}$

   (4) $g(x) = \frac{\sqrt{x}}{x - 1}$

3. 주어진 함수가 연속이 되도록 k 또는 a, b를 구하여라.

   (1) $f(x) = \begin{cases} \frac{x^2 - 2x - 3}{x - 3}, & x \neq 3 \\ k, & x = 3 \end{cases}$

   (2) $g(x) = \begin{cases} -2x - 1, & x \leq 0 \\ ax + b, & 0 < x \leq 1 \\ x^2 - 1, & x > 1 \end{cases}$

   (3) $f(x) = \begin{cases} a^2x^2, & x \leq 2 \\ (1 - a)x, & x > 2 \end{cases}$

   (4) $g(x) = \begin{cases} \frac{x^3 + ax + b}{(x - 1)^2}, & x \neq 1 \\ k, & x = 1 \end{cases}$

5.1.4 연속함수의 성질

다음 정리들은 연속함수에 관한 중요한 성질인데, 증명없이 소개만 한다.

정리 5.8: 최대·최솟값의 정리

함수 f가 닫힌구간 $[a, b]$에서 연속이면 함수 f는 그 구간 내에서 반드시 최댓값과 최솟값을 갖는다.

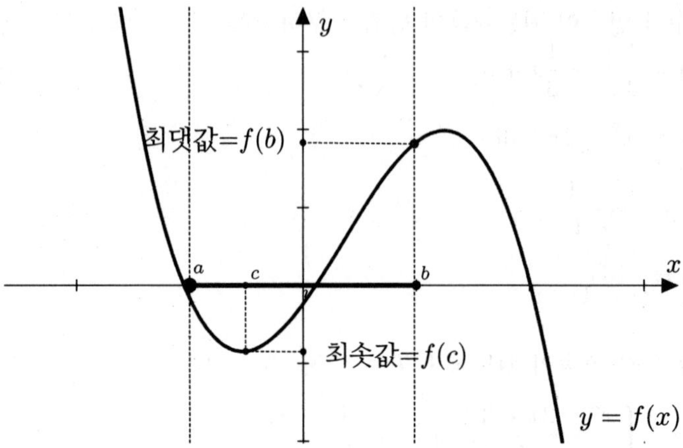

그림 5.12: 함수의 최댓값과 최솟값

정리 5.9: 중간값 정리 (Intermediate Value Theorem)

함수 f가 닫힌구간 $[a, b]$에서 연속이고 M이 $f(a)$와 $f(b)$사이에 한 값일 때 $f(c) = M$을 만족하는 c가 열린구간 (a, b)에 존재한다.

참고 5.1 위의 중간값 정리는 연속함수 f가 $f(a)$와 $f(b)$사이에 모든 중간값들을 취할 수 있음을 의미한다.

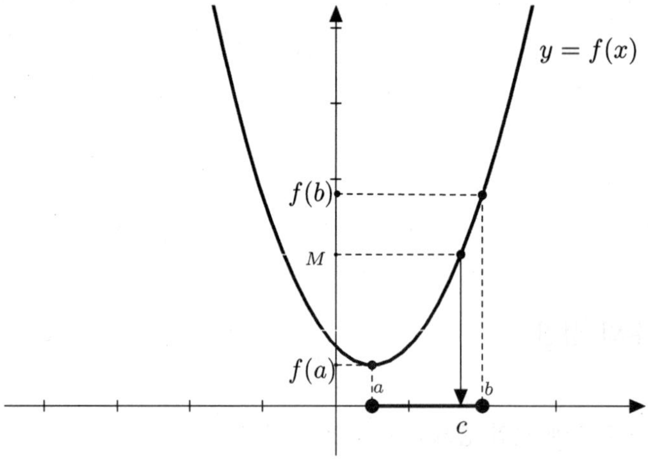

그림 5.13: 중간값 정리

예 5.20 방정식 $x^3 + 2x - 1 = 0$은 열린구간 $(0, 1)$에서 적어도 하나의 실근을 가짐을 보여라.

| **풀이** | $f(x) = x^3 + 2x - 1$이라고 하면 함수 f는 닫힌구간 $[0, 1]$에서 연속이고

$$f(0) = -1, \quad f(1) = 2$$

이다. 따라서 정리 5.9에 의해 $f(c) = 0$인 c가 열린구간 $(0, 1)$에 적어도 하나 존재한다. □

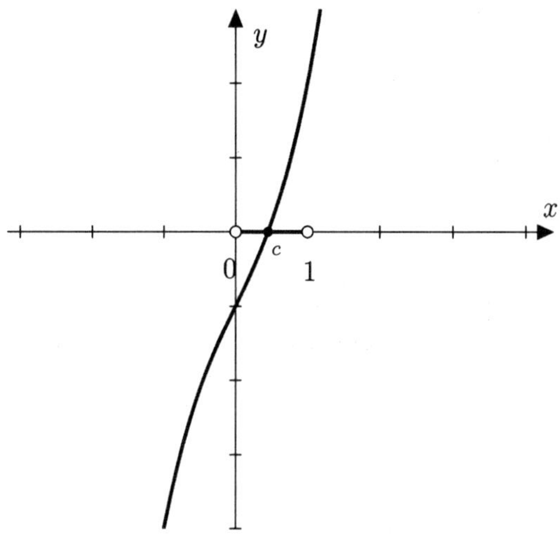

그림 5.14: 함수 $f(x) = x^3 + 2x - 1$의 그래프

연습문제 5.4

1. 다음 방정식이 주어진 구간에서 해를 가짐을 보이시오.
   (1) $x^2 - 5 = 0, \ [2, 3]$
   (2) $x^4 + 2x - 1 = 0, \ [0, 1]$
   (3) $x^5 - 3x^2 + 1 = 0, \ [0, 1]$
   (4) $x^5 - 5x^3 + 3 = 0, \ [-3, 3]$.
   (5) $x^4 + x - 3 = 0, \ [1, 2]$
   (6) $x^{1/3} = 1 - x, \ [0, 1]$

2. 방정식 $e^x = -x$는 닫힌구간 $[-1, 0]$에서 적어도 하나의 실근을 가짐을 보여라.

3. 방정식 $x^5 - 3x^4 - 2x^3 - x + 1 = 0$은 0과 1사이에서 실근을 가짐을 보여라.

5.2 함수의 미분법

5.2.1 미분계수와 도함수

미분계수

정의 5.7. 점 a를 포함하는 열린구간에서 정의되는 함수 $f(x)$에 대해서 극한값

$$\lim_{h\to 0}\frac{f(a+h)-f(a)}{h}=A$$

가 존재하면, 함수 $y=f(x)$는 $x=a$에서 **미분가능하다**고 한다. 또한 이 극한값 A를 $f'(a)$로 표기하고 $x=a$에서 함수 $y=f(x)$의 **미분계수**라고 한다.

변수 x가 a로부터 $a+h$로 변하였을 때 h를 x의 증분이라고 하고 Δx라고 표현한다. 또한 함수 $y=f(x)$에 대해 $f(a+h)-f(a)$를 Δx에 따른 y의 증분이라고 하고 Δy라고 표현한다. 이 때

$$\frac{\Delta y}{\Delta x}=\frac{f(a+h)-f(a)}{h}$$

를 함수 $y=f(x)$의 a에서 $a+h$까지의 **평균변화율**이라고 하고, h가 0에 가까워질 때의 평균변화율의 극한값을 $x=a$에서의 **순간변화율**이라고 한다. 즉, 미분계수 $f'(a)$는 $x=a$에서의 순간변화율이다.

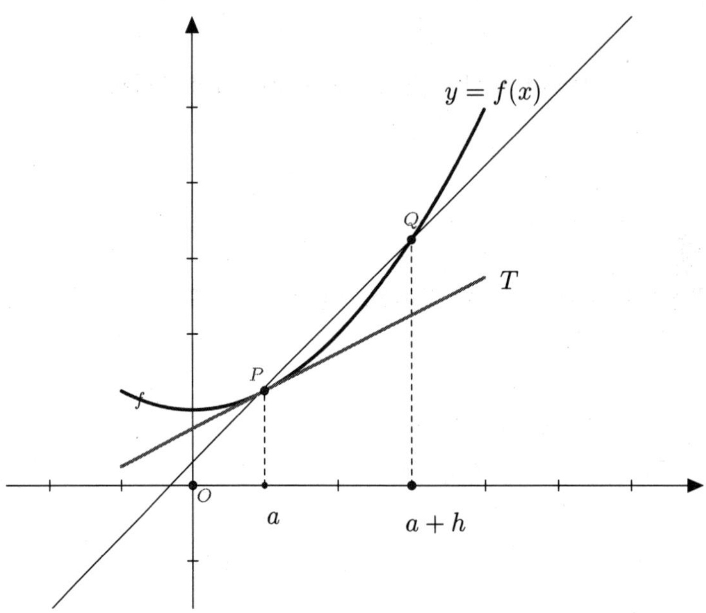

그림 5.15: 미분계수의 의미

미분계수의 기하학적 의미를 생각해보자. 곡선 $y=f(x)$ 위에 두 점 $P(a,f(a))$와 $Q(a+h,f(a+h))$에 대해서 평균변화율은 직선 PQ의 기울기를 나타내고 있다. $f(x)$가 $x=a$에서

미분가능하다면, 점 Q가 곡선 위에 점 P에 근접할 때 이 직선 PQ는 기울기가 $f'(a)$인 직선 T에 가까워지고, 이 직선 T를 곡선 $y = f(x)$의 점 P에서의 **접선**(tangent line)이라고 한다. 이 접선의 방정식은

$$y - f(a) = f'(a)(x - a)$$

로 주어진다.

예 5.21 함수 $f(x) = x^2 + 1$에 대하여

(1) x가 1에서부터 1.4까지 변하였을 때 함수의 평균변화율을 구하여라.

(2) $x = 1$에서의 순간변화율을 구하여라.

(3) 점 $P(1, 2)$에서의 접선의 방정식을 구하여라.

|**풀이**| (1) x가 1에서부터 1.4까지 변하였으므로 x의 증분은 $\Delta x = 0.4$이고 함수의 증분은

$$f(1.4) - f(1) = (1.4^2 + 1) - (1^2 + 1) = 0.96$$

이다. 따라서 평균변화율은

$$\frac{f(1.4) - f(1)}{1.4 - 1} = \frac{0.96}{0.4} = 2.4$$

가 된다.

(2) 0이 아닌 실수 h에 대해

$$\frac{f(1+h) - f(1)}{h} = \frac{(1+h)^2 + 1 - (1^2 + 1)}{h} = \frac{2h + h^2}{h} = 2 + h$$

이므로 $x = 1$에서의 순간변화율은

$$f'(1) = \lim_{h \to 0} \frac{f(1+h) - f(1)}{h} = \lim_{h \to 0}(2 + h) = 2$$

가 된다.

(3) 접선은 기울기가 $f'(1) = 2$이고 점 $P(1, 2)$를 지나므로 접선의 방정식은

$$y - 2 = 2(x - 1)$$

이 된다. 정리하면 $y = 2x$를 얻는다.

□

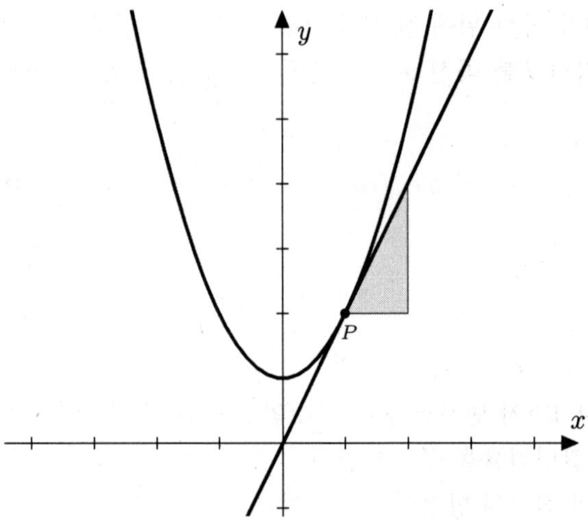

그림 5.16: 곡선 $f(x) = x^2 + 1$의 점 $P(1, 2)$에서의 접선

예 5.22 함수 $f(x) = \sqrt{x}$는 $x = 2$에서 미분가능한가?

| 풀이 | 0이 아닌 실수 h에 대해

$$\begin{aligned}\frac{f(2+h)-f(2)}{h} &= \frac{\sqrt{2+h}-\sqrt{2}}{h}\\ &= \frac{(\sqrt{2+h}-\sqrt{2})(\sqrt{2+h}+\sqrt{2})}{h(\sqrt{2+h}+\sqrt{2})}\\ &= \frac{h}{h(\sqrt{2+h}+\sqrt{2})}\\ &= \frac{1}{\sqrt{2+h}+\sqrt{2}}\end{aligned}$$

이므로

$$f'(2) = \lim_{h\to 0}\frac{f(2+h)-f(2)}{h} = \lim_{h\to 0}\frac{1}{\sqrt{2+h}+\sqrt{2}} = \frac{1}{2\sqrt{2}}$$

이 된다. 따라서 $x = 2$에서 미분가능하다. □

예 5.23 함수 $f(x) = |x|$는 $x = 0$에서 미분가능한가?

| 풀이 | 이 함수는 $x = 0$에서 미분불가능하다. 왜냐하면 0이 아닌 실수 h에 대해

$$\frac{f(h)-f(0)}{h} = \frac{|h|}{h} = \begin{cases} 1, & h > 0 \\ -1, & h < 0 \end{cases}$$

이므로

$$\lim_{h\to 0+}\frac{f(h)-f(0)}{h}=1,\quad \lim_{h\to 0-}\frac{f(h)-f(0)}{h}=-1$$

이 된다. 따라서 $x=0$에서는 미분계수가 존재하지 않는다. 그러나 함수 $f(x)$는 $x=0$ 이외의 점에서는 미분가능이고, $a>0$일 때 $f'(a)=1$, $a<0$일 때 $f'(a)=-1$이 된다. □

도함수

곡선 위에 한 점에서 접선의 기울기는 할선의 기울기의 극한으로 정의하였다. 도함수라 부르는 이 극한은 함수가 변화하는 비율을 측정하는데 미적분학에서 가장 중요한 개념 중의 하나이다.

정의 5.8 (도함수). 변수 x에 관한 함수 $f(x)$의 도함수는 x에서의 값이

$$f'(x)=\lim_{h\to 0}\frac{f(x+h)-f(x)}{h}$$

로 주어지는 함수 f'이다.

x가 독립변수이고 y가 종속변수일 때 함수 $y=f(x)$의 도함수를 나타내는 다음과 같은 여러가지 표현이 있다.

$$f'(x)=y'=\frac{dy}{dx}=\frac{df}{dx}=D_xf(x)$$

기호 $\frac{d}{dx}$와 D_x는 함수에 대한 미분 연산을 나타내는데 이를 미분연산자라 부른다. y'과 f'은 뉴턴(Newton)이 도함수를 나타낼 때 썼던 기호로부터 나온 것이다. $\frac{d}{dx}$는 라이프니츠(Leibniz)가 같은 것을 나타내기 위해 사용한 기호이다.

예 5.24 함수 $f(x)=3x^2+x$의 도함수를 구하여라..

| 풀이 | 도함수의 정의로부터 다음을 찾을 수 있다.

$$\begin{aligned}f'(x)&=\lim_{h\to 0}\frac{f(x+h)-f(x)}{h}\\&=\lim_{h\to 0}\frac{3(x+h)^2+(x+h)-(3x^2+x)}{h}\\&=\lim_{h\to 0}\frac{6xh+3h^2+h}{h}\\&=\lim_{h\to 0}(6x+3h+1)\\&=6x+1\end{aligned}$$

□

예 5.25 $x > 0$에서 정의된 함수 $y = \sqrt{x}$의 도함수를 구하여라.

|**풀이**| $(\sqrt{x+h} - \sqrt{x})(\sqrt{x+h} + \sqrt{x}) = h$이기 때문에

$$f'(x) = \lim_{h \to 0} \frac{f(x+h) - f(x)}{h} = \lim_{h \to 0} \frac{1}{\sqrt{x+h} + \sqrt{x}} = \frac{1}{2\sqrt{x}}$$

을 얻는다. □

예 5.26 함수

$$f(x) = \begin{cases} x^3, & x < 1 \\ \sqrt{x}, & x \geq 1 \end{cases}$$

의 도함수를 구하여라.

|**풀이**| $x < 1$일 때는

$$f'(x) = \lim_{h \to 0} \frac{(x+h)^3 - x^3}{h} = \lim_{h \to 0} (3x^2 + 3xh + h^2) = 3x^2$$

이고, $x > 1$일 때는

$$f'(x) = \lim_{h \to 0} \frac{\sqrt{x+h} - \sqrt{x}}{h} = \lim_{h \to 0} \frac{1}{\sqrt{x+h} + \sqrt{x}} = \frac{1}{2\sqrt{x}}$$

이다. 그러나

$$\lim_{h \to 0^-} \frac{f(1+h) - f(1)}{h} = \lim_{h \to 0^-} \frac{(1+h)^3 - 1}{h} = \lim_{h \to 0^-} (3 + 3h + h^2) = 3$$

인 반면

$$\lim_{h \to 0^+} \frac{f(1+h) - f(1)}{h} = \lim_{h \to 0^+} \frac{\sqrt{1+h} - 1}{h} = \lim_{h \to 0^+} \frac{1}{\sqrt{1+h} + 1} = \frac{1}{2}$$

이므로 함수 f는 $x = 1$에서는 미분불가능하다. 따라서 f의 도함수는

$$f'(x) = \begin{cases} 3x^2, & x < 1 \\ \dfrac{1}{2\sqrt{x}}, & x > 1 \end{cases}$$

이다. □

정리 5.10

미분가능성은 연속성을 보장한다. 즉, 함수 f가 $x = a$에서 미분가능하다면 f는 $x = a$에서 연속이다.

| 증명 | 함수 f가 $x = a$에서 미분가능하다는 사실을 이용해 다음을 유도할 수 있다.

$$\begin{aligned}\lim_{x\to a} f(x) &= \lim_{x\to a}(f(x) - f(a) + f(a)) \\ &= \lim_{x\to a}\left\{\frac{f(x)-f(a)}{x-a}\cdot(x-a) + f(a)\right\} \\ &= f'(a)\cdot 0 + f(a) \\ &= f(a)\end{aligned}$$

따라서 함수 f는 $x = a$에서 연속이다. □

연습문제 5.5

1. 다음 함수에 대하여 x가 1에서부터 1.02까지 변할 때 평균변화율과 $x = 1$에서의 미분계수를 각각 구하여라.
   (1) $f(x) = 2x + 1$
   (2) $f(x) = \dfrac{1}{x+1}$
   (3) $f(x) = x^3$

2. 함수 $f(x) = \dfrac{x^3}{3} + x^2 + x + 2$ 가 $f'(a) = 0$을 만족할 때 a를 구하여라.

3. $f(x) = x|x|$일 때 $x = 0$에서 미분가능여부를 조사하여라.

4. 함수

$$f(x) = \begin{cases} 3x^2 + a, & x \le 2 \\ bx + 1, & x > 2 \end{cases}$$

   가 $x = 2$에서 미분가능하기 위한 상수 a와 b의 값을 구하시오.

5. 함수

$$f(x) = \begin{cases} \dfrac{x^2 - 9}{x + 3}, & x \ne -3 \\ 0, & x = -3 \end{cases}$$

   에 대해 $x = -3$에서의 연속성과 미분가능성에 대하여 조사하여라.

6. 함수 f가 $f(2) = 3$와 $f'(2) = 1$을 만족할 때 다음을 계산하여라.

(1) $\lim_{x \to a} \frac{f(x) - f(2)}{x^2 - 4}$

(2) $\lim_{x \to a} \frac{x^2 f(2) - 4f(x)}{x - 2}$

5.2.2 미분법의 공식

기본공식

도함수를 정의에 따라 구하다보면 일정한 규칙이 있다는 것을 파악할 수 있다. 먼저 가장 기본적인 함수들의 도함수를 알아보자.

정리 5.11

(1) 모든 실수 c에 대해 $\frac{d}{dx}c = 0$이다.
(2) n이 자연수이고 $f(x) = x^n$이면 $f'(x) = nx^{n-1}$이다.

|증명| (1) $f(x) = c$라 할 때 도함수의 정의에 의하여

$$f'(x) = \lim_{h \to 0} \frac{f(x+h) - f(x)}{h} = \lim_{h \to 0} \frac{c - c}{h} = 0$$

이 성립한다.

(2) 인수분해공식

$$x^n - a^n = (x - a)(x^{n-1} + x^{n-2}a + \cdots + xa^{n-2} + a^{n-1})$$

을 이용하여 $f(x) = x^n$일 때

$$\begin{aligned} f'(a) &= \lim_{x \to a} \frac{f(x) - f(a)}{x - a} \\ &= \lim_{x \to a} \frac{x^n - a^n}{x - a} \\ &= \lim_{x \to a} (x^{n-1} + x^{n-2}a + \cdots + xa^{n-2} + a^{n-1}) \\ &= a^{n-1} + a^{n-2}a + \cdots + aa^{n-2} + a^{n-1} \\ &= na^{n-1} \end{aligned}$$

을 얻는다.

□

정리 5.12

f, g가 미분가능한 함수이고 c가 실수일 때 다음이 성립한다.

(1) $f \pm g$는 미분가능한 함수이고, 도함수는 다음과 같다.

$$(f(x) \pm g(x))' = f'(x) \pm g'(x)$$

(2) cf는 미분가능한 함수이고, 도함수는 다음과 같다.

$$(cf(x))' = cf'(x)$$

(3) fg는 미분가능한 함수이고, 도함수는 다음과 같다.

$$(f(x)g(x))' = f'(x)g(x) + f(x)g'(x) \quad \text{(Leibniz's Rule)}$$

(4) $\dfrac{f}{g}$는 미분가능한 함수이고, 도함수는 다음과 같다. (단, $g(x) \neq 0$인 영역에서 생각)

$$\left(\frac{f(x)}{g(x)}\right)' = \frac{f'(x)g(x) - f(x)g'(x)}{g(x)^2}$$

|**증명**| (1), (2)의 증명은 간단하므로 생략하자.

x의 증분 Δx에 관하여 함수 $y = f(x)$와 $z = g(x)$의 증분을 각각 Δy, Δz라고 하자. 즉

$$\Delta y = f(x + \Delta x) - f(x)$$
$$\Delta z = g(x + \Delta x) - g(x)$$

라고 하자. $f(x)$, $g(x)$는 미분가능하므로 정리5.10에 의해 연속성이 보장되고, 따라서 $\Delta x \to 0$일 때 $\Delta y \to 0$, $\Delta z \to 0$이 된다.

(3) Δx에 대하여 $u = f(x)g(x)$의 증분 Δu는

$$\Delta u = (y + \Delta y)(z + \Delta z) - yz = z\Delta y + y\Delta z + \Delta y \Delta z$$

가 되고, 따라서

$$\begin{aligned}
(f(x)g(x))' &= \lim_{\Delta x \to 0} \frac{\Delta u}{\Delta x} \\
&= \lim_{\Delta x \to 0} \left(\frac{\Delta y}{\Delta x} z + y \frac{\Delta z}{\Delta x} + \frac{\Delta y}{\Delta x} \Delta z \right) \\
&= y'z + yz' \\
&= f'(x)g(x) + f(x)g'(x)
\end{aligned}$$

를 얻는다.

(4) Δx에 대하여 $v = \dfrac{f(x)}{g(x)}$의 증분을 Δv라 하자. 그러면

$$\frac{\Delta v}{\Delta x} = \frac{1}{z(z+\Delta z)}\left(z\frac{\Delta y}{\Delta x} - y\frac{\Delta z}{\Delta x}\right)$$

이 되기 때문에

$$\left(\frac{f(x)}{g(x)}\right)' = \lim_{\Delta x \to 0}\frac{\Delta v}{\Delta x} = \frac{1}{z^2}(zy' - yz') = \frac{f'(x)g(x) - f(x)g'(x)}{g(x)^2}$$

를 얻는다.

□

예 5.27 함수 $y = x^3 + \frac{3}{4}x^2 - 5x + 1$의 도함수는?

| 풀이 | 정리 5.11와 5.12 (1), (2)에 의해 다음을 얻을 수 있다.

$$\begin{aligned}\frac{d}{dx}(x^3 + \frac{3}{4}x^2 - 5x + 1) &= \frac{d}{dx}(x^3) + \frac{3}{4}\frac{d}{dx}(x^2) - 5\frac{d}{dx}(x) + \frac{d}{dx}(1)\\ &= 3x^2 + \frac{3}{4}(2x) - 5\\ &= 3x^2 + \frac{3}{2}x - 5\end{aligned}$$

□

예 5.28 곡선 $y = x^4 - 2x^2 + 2$는 수평접선을 갖는가? 그렇다면 어디에서 갖는가?

| 풀이 | 접선의 기울기는

$$\frac{dy}{dx} = 4x^3 - 4x = 4x(x^2 - 1) = 4x(x-1)(x+1)$$

이고, 이것이 0이 되는 x는 $-1, 0, 1$이다. 따라서 곡선 위에 점 $(-1, 1)$, $(0, 2)$, $(1, 1)$에서 수평접선을 갖게 된다. □

예 5.29 $y = uv$를 두 함수 u와 v의 곱이라고 하자.

$$u(2) = 3, \quad u'(2) = -4, \quad v(2) = 1, \quad v'(2) = 2$$

를 만족할 때 $y'(2)$를 구하여라.

| 풀이 | $y' = u'v + uv'$이므로

$$y'(2) = u'(2)v(2) + u(2)v'(2) = -4(1) + 3(2) = 2$$

가 된다. □

예 5.30 함수 $y = (x^2+1)(x^3+3)$의 도함수를 구하여라.

| 풀이 | 정리 5.12 (3)에 의해 다음을 얻는다.

$$\begin{aligned} y' &= (x^2+1)'(x^3+3) + (x^2+1)(x^3+3)' \\ &= (2x)(x^3+3) + (x^2+1)(3x^2) \\ &= 2x^4 + 6x + 3x^4 + 3x^2 \\ &= 5x^4 + 3x^2 + 6x \end{aligned}$$

□

예 5.31 다음 함수들의 도함수를 구하여라.

(1) $y = \dfrac{t^2-1}{t^2+1}$

(2) $y = \dfrac{x^2+x-2}{x^3+6}$

| 풀이 | (1) 정리 5.12 (4)에 의해 다음을 얻는다.

$$\begin{aligned} y' &= \frac{(t^2-1)'(t^2+1) - (t^2-1)(t^2+1)'}{(t^2+1)^2} \\ &= \frac{(2t)(t^2+1) - (t^2-1)(2t)}{(t^2+1)^2} \\ &= \frac{2t^3 + 2t - 2t^3 + 2t}{(t^2+1)^2} \\ &= \frac{4t}{(t^2+1)^2} \end{aligned}$$

(2) 마찬가지로 다음을 계산할 수 있다.

$$\begin{aligned} y' &= \frac{(x^2+x-2)'(x^3+6) - (x^2+x-2)(x^3+6)'}{(x^3+6)^2} \\ &= \frac{(2x+1)(x^3+6) - (x^2+x-2)(3x^2)}{(x^3+6)^2} \\ &= \frac{2x^4 + x^3 + 12x + 6 - 3x^4 - 3x^3 + 6x^2}{(x^3+6)^2} \end{aligned}$$

$$= \frac{-x^4 - 2x^3 + 6x^2 + 12x + 6}{(x^3+6)^2}$$

□

합성함수의 연쇄법칙

정리 5.13: 연쇄법칙

함수 $y = f(u)$가 $u = g(x)$에서 미분가능하고 함수 $g(x)$는 x에서 미분가능하면, 합성함수 $(f \circ g)(x) = f(g(x))$는 x에서 미분가능하며

$$(f \circ g)'(x) = f'(g(x))g'(x)$$

가 된다. 라이프니츠 기호로는 쓰면

$$\frac{dy}{dx} = \frac{dy}{du}\frac{du}{dx}$$

이다.

예 5.32 함수 $y = (x^2+1)^3$을 미분하여라.

| **풀이** | $u = x^2 + 1$이라 하면 $y = u^3$이므로

$$\frac{dy}{du} = 3u^2, \quad \frac{du}{dx} = 2x$$

이다. 정리 5.13에 의해

$$\frac{dy}{dx} = \frac{dy}{du}\frac{du}{dx} = 3u^2(2x) = 6x(x^2+1)^2$$

을 얻는다. □

예 5.33 함수 $y = (5x^3 - x^4 + 1)^7$을 미분하여라.

| **풀이** | $u = 5x^3 - x^4 + 1$이라 하면 $y = u^7$이므로

$$\frac{dy}{du} = 7u^6, \quad \frac{du}{dx} = 15x^2 - 4x^3$$

이다. 정리 5.13에 의해

$$\frac{dy}{dx} = \frac{dy}{du}\frac{du}{dx} = 7u^6(15x^2 - 4x^3) = 7x^2(15-4x)(5x^3 - x^4 + 1)^6$$

을 얻는다. □

음함수의 미분

지금까지 사용한 함수 $y = f(x)$에서는 독립변수와 종속변수를 분명하게 구별할 수 있었는데 이러한 형태로 표현된 함수를 **양함수**(explicit function)라고 한다. 이와는 달리, $x^2 + y^2 = 25$에서처럼 독립변수와 종속변수가 분명히 구별되지 않는 형태도 있다. 이러한 형태는 두 변수 x, y를 포함하는 관계식

$$f(x, y) = 0$$

에 의하여 x의 함수 y가 정의되며, 이러한 y를 x의 **음함수**(implicit function)라고 한다. 음함수의 도함수는 y를 x의 함수로 생각하고 주어진 방정식 $f(x, y) = 0$의 양변을 x에 관하여 미분한 다음 y'에 관하여 정리하여 구할 수 있다.

예 5.34 $x^3 + y^2 = 0$일 때 $\dfrac{dy}{dx}$를 구하여라.

| **풀이** | 방정식 $x^3 + y^2 = 0$의 양변을 x로 미분하면

$$3x^2 + 2y\frac{dy}{dx} = 0$$

이다. 따라서

$$\frac{dy}{dx} = -\frac{3x^2}{2y}$$

을 얻는다. □

예 5.35 원 $x^2 + y^2 = 25$ 위에 점 $(3, 4)$에서 접선의 방정식을 구하여라.

| **풀이** | 접선의 기울기를 구하기 위하여 방정식 $x^2 + y^2 = 25$의 양변을 x로 미분하면

$$2x + 2y\frac{dy}{dx} = 0$$

을 얻는다. 정리하면

$$\frac{dy}{dx} = -\frac{x}{y}$$

가 되고, 점 $(3, 4)$에서

$$\left.\frac{dy}{dx}\right|_{x=3, y=4} = -\frac{3}{4}$$

이므로 접선의 방정식은

$$y - 4 = -\frac{3}{4}(x - 3)$$

이 된다. □

역함수의 미분법칙

정리 5.14

$y = f(x)$가 미분가능하고 역함수 $f^{-1}(x)$가 존재하고 $f'(g(a)) \neq 0$이면, 역함수도 a에서 미분가능하고

$$(f^{-1})'(a) = \frac{1}{f'(f^{-1}(a))}$$

이다.

예 5.36 $f(4) = 5$이고 $f'(4) = \dfrac{2}{3}$이면 $(f^{-1})'(5)$는 무엇인가?

|풀이| $f^{-1}(5) = 4$ 이므로 정리 5.14에 의하여

$$(f^{-1})'(5) = \frac{1}{f'(f^{-1}(5))} = \frac{1}{f'(4)} = \frac{3}{2}$$

이다. □

예 5.37 $f(x) = x^3 + 2x + 1$의 역함수가 g일 때 미분계수 $g'(1)$을 구하여라.

|풀이| 우선 f의 도함수는 $f'(x) = 3x^2 + 2$이고, $f(x) = x^3 + 2x + 1 = 1$이 되는 x는 0뿐이므로 $f^{-1}(1) = 0$이다. 따라서 정리 5.14에 의하여

$$g'(1) = \frac{1}{f'(g(1))} = \frac{1}{f'(0)} = \frac{1}{2}$$

이다. □

연습문제 5.6

1. 다음 함수들의 도함수를 구하시오.
   (1) $f(x) = 3x^2 - x + 5$
   (2) $g(x) = (2x^3 - 1)(x^3 + 2)$
   (3) $g(t) = (4t - 7)^2$
   (4) $f(y) = y(2y - 1)(2y + 1)$
   (5) $h(x) = \dfrac{3}{x^2 + x + 1}$
   (6) $f(t) = \dfrac{1}{\{t + (1/t)\}^2}$

2. 아래의 두 곡선이 점 $(1, 3)$에서 접한다고 할 때 상수 a, b, c를 구하여라.

$$y = 3x^2 + 2ax + b, \quad y = cx^2 - x$$

3. 곡선 $y = f(x)$와 주어진 점 P에서의 접선의 방정식을 구하시오.
   (1) $y = \left(\frac{1}{x} - \frac{1}{x^2}\right)^{-1}$, $P(2, 4)$
   (2) $y = \frac{6}{1 - x^2}$, $P(2, -2)$

4. 음함수의 미분법을 이용하여 $\frac{dy}{dx}$을 구하시오.
   (1) $xy + 2x + 3x^2 = 4$
   (2) $4x^2 + 9y^2 = 36$
   (3) $\frac{1}{x} + \frac{1}{y} = 1$
   (4) $\sqrt{x} + \sqrt{y} = 4$
   (5) $x^2 - 2xy + y^3 = c$
   (6) $x^2y + xy^2 = 3x$

5. 음함수 미분법을 이용하여 주어진 점에서 곡선의 접선의 방정식을 구하여라.
   (1) $x^2 + xy + y^2 = 3$, $(1, 1)$
   (2) $x^2 + 2xy - y^2 + x = 2$, $(1, 2)$

5.2.3 지수함수와 로그함수의 도함수

앞 절에서는 정리 5.11과 5.12를 이용하여 대수함수의 도함수를 쉽게 얻을 수 있었다. 여기에서는 대표적인 초월함수인 지수함수와 로그함수의 도함수를 구하고자 한다.

지수함수의 도함수

지수함수 $f(x) = a^x$의 도함수는 정의에 의해

$$f'(x) = \lim_{h \to 0} \frac{f(x+h) - f(x)}{h} = \lim_{h \to 0} \frac{a^{x+h} - a^x}{h} = \lim_{h \to 0} \frac{a^x(a^h - 1)}{h}$$

이다. 인수 a^x은 h와 무관하므로

$$f'(x) = a^x \lim_{h \to 0} \frac{a^h - 1}{h}$$

이 된다. 그런데 $a^h - 1 = f(0 + h) - f(0)$임을 파악하면

$$\lim_{h \to 0} \frac{a^h - 1}{h} = \lim_{h \to 0} \frac{f(0+h) - f(0)}{h} = f'(0)$$

임을 알수 있다. 따라서

$$f'(x) = f'(0)a^x = f'(0)f(x)$$

가 된다.

자연지수함수 $f(x) = e^x$의 밑 e는 다음과 같이 정의된다.

정의 5.9. e는 $\lim_{h \to 0} \frac{a^h - 1}{h} = 1$을 만족하는 실수 a이다.

따라서 자연지수함수의 도함수는 e를 정의하는 과정에서 바로 얻을 수 있다.

정리 5.15: 자연지수함수의 도함수

$$\frac{d}{dx}(e^x) = e^x$$

예 5.38 함수 $f(x) = e^x - x$의 도함수를 구하시오.

|풀이| $f'(x) = \frac{d}{dx}(e^x - x) = \frac{d}{dx}(e^x) - \frac{d}{dx}(x) = e^x - 1$ □

예 5.39 곡선 $y = \frac{e^x}{1+x^2}$ 위에 점 $(1, \frac{e}{2})$에서 접선의 방정식을 구하여라.

|풀이| 주어진 식을 미분하면

$$y' = \frac{e^x(1+x^2) - e^x(2x)}{(1+x^2)^2}$$

이므로 점 $(1, \frac{e}{2})$에서 접선의 기울기는 $y'(1) = \frac{e(1+1-2)}{(1+1)^2} = 0$이다. 따라서 접선의 방정식은 $y = \frac{e}{2}$이다. □

예 5.40 $f(x) = 2x + e^x$이고 $g = f^{-1}$일 때 $g'(1)$을 구하여라.

|풀이| 우선 f의 도함수는 $f'(x) = 2 + e^x$이고, $f(x) = 2x + e^x = 1$이 되는 x는 0뿐이므로 $g(1) = f^{-1}(1) = 0$이다. 따라서

$$g'(1) = \frac{1}{f'(g(1))} = \frac{1}{f'(0)} = \frac{1}{3}$$

이다. □

로그함수의 도함수

로그함수는 지수함수의 역함수라는 사실을 이용하면 다음을 쉽게 얻을 수 있다.

정리 5.16

(1) $\dfrac{d}{dx}(\ln x) = \dfrac{1}{x}$ (단, $x > 0$)

(2) $\dfrac{d}{dx}(\log_a x) = \dfrac{1}{x \ln a}$ (단, $x > 0$)

(3) $\dfrac{d}{dx}(\ln |x|) = \dfrac{1}{x}$ (단, $x \neq 0$)

예 5.41 함수 $y = \ln(x^2+1)$을 미분하여라.

| **풀이** | $u = x^2 + 1$로 두면 $y = \ln u$이고 따라서 정리 5.13에 의해

$$y' = \frac{dy}{dx} = \frac{dy}{du}\frac{du}{dx} = 2x\frac{1}{u} = \frac{2x}{x^2+1}$$

를 얻는다. □

예 5.42 함수 $y = \dfrac{x^{4/3}\sqrt{x^2+1}}{(3x+2)^2}$을 미분하여라.

| **풀이** | 양변에 자연로그를 취하면

$$\ln y = \frac{4}{3}\ln x + \frac{1}{2}\ln(x^2+1) - 2\ln(3x+2)$$

이고, 이 식의 양변을 x에 관하여 미분하면

$$\frac{y'}{y} = \frac{4}{3x} + \frac{x}{x^2+1} - \frac{6}{3x+2} = \frac{3x^3+14x^2-6x+8}{3x(x^2+1)(3x+2)}$$

이 된다. 따라서

$$y' = \left(\frac{x^{4/3}\sqrt{x^2+1}}{(3x+2)^2}\right)\frac{3x^3+14x^2-6x+8}{3x(x^2+1)(3x+2)} = \frac{x^{1/3}(3x^3+14x^2-6x+8)}{3\sqrt{x^2+1}(3x+2)^3}$$

을 얻게 된다. □

예 5.43 함수 $y = x^{\sqrt{x}}$을 미분하여라.

| 풀이 | 양변에 자연로그를 취하면

$$\ln y = \sqrt{x}\ln x$$

이고, 이 식의 양변을 x에 관하여 미분하면

$$\frac{y'}{y} = \frac{\ln x}{2\sqrt{x}} + \sqrt{x}\frac{1}{x} = \frac{2+\ln x}{2\sqrt{x}}$$

가 된다. 따라서

$$y' = \left(\frac{2+\ln x}{2\sqrt{x}}\right)x^{\sqrt{x}}$$

을 얻는다. □

정리 5.17: 극한값으로의 e

$$\lim_{x\to 0}(1+x)^{1/x} = e$$

| 증명 | 함수 $f(x) = \ln x$에 대해 $f'(x) = \dfrac{1}{x}$이므로 $f'(1) = 1$이다. 한편, 미분계수의 정의에 의해

$$\begin{aligned} f'(1) &= \lim_{x\to 0}\frac{f(1+x)-f(1)}{x} \\ &= \lim_{x\to 0}\frac{\ln(1+x)-\ln 1}{x} \\ &= \lim_{x\to 0}\frac{1}{x}\ln(1+x) \\ &= \lim_{x\to 0}\ln(1+x)^{1/x} \end{aligned}$$

인데 $f'(1) = 1$로부터

$$\lim_{x\to 0}\ln(1+x)^{1/x} = 1$$

을 얻게 된다. 따라서

$$\lim_{x\to 0}(1+x)^{1/x} = e^1 = e$$

가 성립한다. □

연습문제 5.7

1. 다음 함수의 도함수를 구하시오.
   (1) e^{-3x}
   (2) $e^{1/x}$
   (3) e^{-x^2+x}

(4) $2^{\sqrt{x}}$
(5) $5^x x$
(6) 2^{x^2}

2. 다음 함수의 도함수를 구하시오.
   (1) $\ln(3x+1)$
   (2) $\ln(x^2+1)$
   (3) $\ln(e^x+1)$
   (4) $x\ln x$
   (5) $(\ln x)^2$
   (6) 2^{x^2}

3. 로그미분법을 이용하여 다음 함수의 도함수를 구하시오.
   (1) x^x
   (2) $(x^2+1)^{1/x}$
   (3) $\dfrac{2x+1}{(x+1)(x+3)}$
   (4) $\dfrac{x-2}{(x^2+1)\sqrt{2x+3}}$
   (5) $x^{\ln x}$
   (6) x^{ex}

5.2.4 고계 도함수

$y = f(x)$가 미분가능한 함수일 때 이것의 도함수 f'은 x에 관한 함수이다. 또한 f'이 다시 미분가능하다면 f'을 미분해서 x에 관한 새로운 함수 $f'' = (f')'$을 얻는다. 이러한 f''은 f의 첫 번째 도함수의 도함수이므로 f의 **2계 도함수**(second derivative)라고 부른다. 기호로는

$$f''(x) = \frac{d^2y}{dx^2} = \frac{d}{dx}\left(\frac{dy}{dx}\right) = \frac{dy'}{dx} = y''$$

으로 쓴다. 마찬가지로 y''이 미분가능하다면 이것의 도함수 $y''' = \dfrac{dy''}{dx} = \dfrac{d^3y}{dx^3}$을 x에 관한 y의 **3계 도함수**(third derivative)라고 부른다. 위 식들에서 유추 가능하듯이 임의의 자연수 n에 대해

$$y^{(n)}(x) = \frac{d}{dx}y^{(n-1)} = \frac{d^ny}{dx^n}$$

을 x에 관한 y의 n**계 도함수**(nth derivative)라고 부른다.

예 5.44 함수 $y = x^3 - 3x^2$의 3계 도함수를 구하여라.

| 풀이 | 연속적인 미분을 통해 다음을 찾을 수 있다.

$$y' = 3x^2 - 6x, \quad y'' = 6x - 6, \quad y''' = 6$$

□

예 5.45 $f(t) = \dfrac{1}{\sqrt{2t-2}}$일 때 $f'''(3)$를 구하여라.

| 풀이 | 마찬가지로 연속적인 미분을 하면

$$\begin{aligned} f(t) &= (2t-2)^{-1/2} \\ f'(t) &= -\frac{1}{2}(2t-2)^{-3/2}(2) = -(2t-2)^{-3/2} \\ f''(t) &= -\left(-\frac{3}{2}\right)(2t-2)^{-5/2}(2) = 3(2t-2)^{-5/2} \\ f'''(t) &= 3\left(-\frac{5}{2}\right)(2t-2)^{-7/2}(2) = -15(2t-2)^{-7/2} \end{aligned}$$

이 되고, 따라서

$$f'''(3) = -15 \cdot 4^{-7/2} = -\frac{15}{128}$$

을 얻는다. □

연습문제 5.8

1. 다음 함수들의 1계 도함수와 2계 도함수를 구하시오.
   (1) $f(x) = x^5 + 6x^2 - 7x$
   (2) $y = \dfrac{x}{2x-1}$
   (3) $g(x) = \dfrac{2x+1}{x-1}$
   (4) $y = xe^x$

2. 음함수의 미분으로 y'을 구하여라.
   (1) $y = \ln(x^2 + y^2)$
   (2) $x^y = y^x$

3. 함수 $y = g(x)$는 두 번 미분가능하고 $g'(4) = 3$, $g''(4) = 5$를 만족한다고 한다. $f(x) = g(x^2)$일 때 $f'(2)$와 $f''(2)$를 구하여라.

4. 음함수의 미분법에 의해 y''을 구하여라.
   (1) $\sqrt{x} + \sqrt{y} = 1$

(2) $x^2 + 4xy + y^2 = 13$

5. 함수 $f(x) = xe^x$의 n계 도함수를 구하시오.

6. 다음 함수 f의 3계 도함수를 구하여라.

$$f(x) = \begin{cases} x^3, & x \geq 0 \\ 0, & x < 0 \end{cases}$$

5.3 미분법의 응용

5.3.1 평균값의 정리

롤의 정리

닫힌구간에서 연속인 함수가 미분가능하다면 아주 중요한 성질을 가진다. 다음 정리는 흔히 롤의 정리라 불리는데 여러 방면에 많이 적용된다.

정리 5.18: 롤의 정리 (Rolle's Theorem)

함수 f가 닫힌구간 $[a, b]$에서 연속이고 열린구간 (a, b)에서 미분가능하다고 하자. 만일 $f(a) = f(b)$이면

$$f'(c) = 0$$

을 만족하는 c가 구간 (a, b)에 적어도 하나 존재한다.

| 증명 | $f(x)$가 상수함수라면 구간 (a, b)에 속하는 임의의 점 c에 대해 $f'(c) = 0$이 성립한다.

이제 $f(x)$가 상수함수가 아니라고 하자. $f(x)$는 연속이므로 구간 $[a, b]$에서 최댓값 M과 최솟값 m을 가지는데, $f(x)$는 상수함수가 아니라고 했으므로 $M \neq m$이 된다. 따라서 $f(a) < M$ 또는 $f(a) > m$이 반드시 성립한다.

우선 $f(a) < M$인 경우를 생각하자. $f(a) = f(b)$이므로 $f(c) = M$이 되는 점 c는 (a, b)에 속하게 되고, 따라서 절대값이 충분히 작은 실수 h에 대해

$$f(c + h) - f(c) \leq 0$$

이 성립한다. 이로부터

$$\lim_{h \to 0^+} \frac{f(c + h) - f(c)}{h} \leq 0, \quad \lim_{h \to 0^-} \frac{f(c + h) - f(c)}{h} \geq 0$$

을 얻는데, $f(x)$는 c에서 미분가능하므로 결국

$$f'(c) = \lim_{h \to 0^+} \frac{f(c + h) - f(c)}{h} = \lim_{h \to 0^-} \frac{f(c + h) - f(c)}{h} = 0$$

이 된다.

비슷하게 $f(a) > m$인 경우도 $f(c) = m$이 되는 $c \in (a, b)$에 대해 $f'(c) = 0$임을 보일 수 있다. □

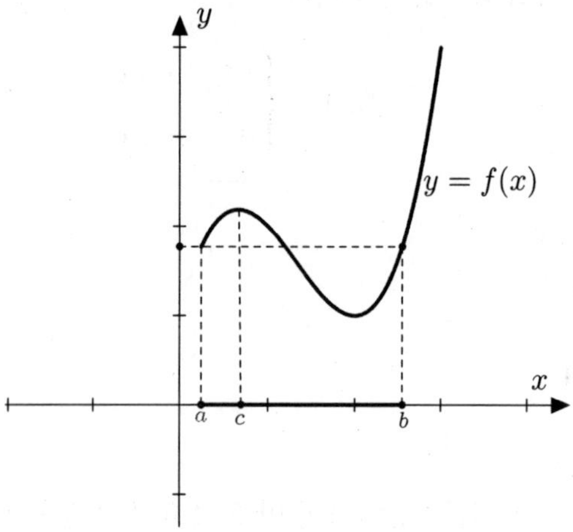

그림 5.17: 롤의 정리

예 5.46 방정식 $x^3 + 3x + 1 = 0$이 정확히 하나의 실근을 가짐을 보여라.

| 풀이 | 이 문제의 증명은 근이 존재함을 보여주는 존재성과 단 하나의 근이 존재한다는 유일성으로 나뉜다. $f(x) = x^3 + 3x + 1$이라고 하자.

(존재성) $f(x)$는 다항함수이므로 실수전체에서 연속이고

$$f(-1) = -3 < 0, \quad f(0) = 1 > 0$$

이므로 정리 5.9에 의하여 $f(c) = 0$인 적당한 실수 $c \in (-1, 0)$가 존재한다. 따라서 방정식 $f(x) = 0$은 적어도 하나의 실근을 갖는다.

(유일성) 방정식 $f(x) = 0$이 두 개의 서로 다른 실근 a, b를 갖는다고 가정하면 $f(a) = f(b) = 0$이다. 게다가 $f(x)$는 $[a, b]$에서 연속이고 (a, b)에서 미분가능하다. 따라서 정리 5.18에 의하여 $f'(c) = 0$인 적당한 $c \in (a, b)$가 존재하게 된다. 그러나 모든 실수 x에 대하여 $f'(x) = 3x^2 + 3 \geq 3$이므로 $f'(c) = 0$인 c는 존재하지 않고, 이는 바로 위 내용에 모순이 된다. 그러므로 방정식 $f(x) = 0$은 단 한개의 실근만을 갖는다. □

평균값 정리

이제 정리 5.18을 일반화한 평균값 정리에 대해 알아보자,

정리 5.19: 평균값 정리 (Mean Value Theorem)

함수 $f(x)$가 닫힌구간 $[a, b]$에서 연속이고 열린구간 (a, b)에서 미분가능하면

$$f'(c) = \frac{f(b) - f(a)}{b - a}$$

를 만족하는 c가 구간 (a, b)에 적어도 하나 존재한다.

| **증명** | $k = \dfrac{f(b) - f(a)}{b - a}$로 놓으면 두 점 $A(a, f(a))$와 $B(b, f(b))$를 지나는 직선의 방정식은

$$y = f(a) + k(x - a)$$

가 된다. 이 때

$$\phi(x) = f(x) - f(a) - k(x - a)$$

로 놓으면 $\phi(x)$는 $[a, b]$에서 연속이고 (a, b)에서 미분가능하며

$$\phi(a) = \phi(b) = 0, \quad \phi'(x) = f'(x) - k$$

를 만족한다. 여기에 정리 5.18을 적용하면 $\phi'(c) = 0$을 만족하는 $c \in (a, b)$가 존재함을 알 수 있고, 따라서

$$f'(c) = \phi'(c) + k = k = \frac{f(b) - f(a)}{b - a}$$

를 얻게 된다. □

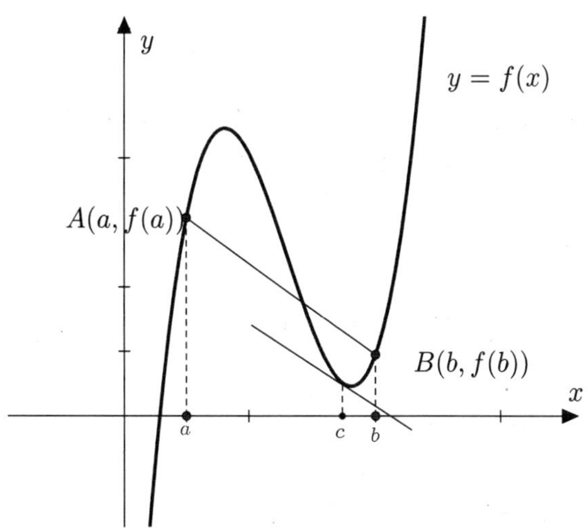

그림 5.18: 평균값 정리

참고 5.2 정리 5.19는 곡선 $y = f(x)$ 위에서 직선 AB에 평행한 접선을 그을 수 있음을 나타내고 있다.

예 5.47 닫힌구간 $[0,2]$에서 정의된 함수 $f(x)=x^3-x$에 대해 정리 5.19를 만족하는 $c\in(0,2)$를 구체적으로 찾으시오.

| **풀이** | f는 다항함수로 실수전체에서 연속이고 미분가능하므로, $[0,2]$에서 연속이고 $(0,2)$에서 미분가능함은 당연하다. 따라서 정리 5.19에 의하여

$$f(2)-f(0)=f'(c)(2-0)$$

을 만족하는 $c\in(0,2)$가 존재한다. 사실 $f'(x)=3x^2-1$이고 $f(0)=0$, $f(2)=6$이므로 위 식으로부터

$$6=(3c^2-1)2=6c^2-2$$

가 얻어진다. 이를 풀면 $c=\pm\frac{2}{\sqrt{3}}$인데 c는 $(0,2)$에 포함되므로 $c=\frac{2}{\sqrt{3}}$이다. □

정리 5.19의 가장 중요한 점은 함수에 대한 정보를 함수의 미분계수로부터 얻을 수 있다는 것이다. 다음의 예제에서 이를 확인해보자.

예 5.48 $[0,2]$에서 연속이고 $(0,2)$에서 미분가능한 함수 f가 $f(0)=-3$이고 모든 $x\in(0,2)$에 대해 $f'(x)\le 4$를 만족하면 $f(2)$는 얼마나 큰 값을 가질 수 있을까?

| **풀이** | 정리 5.19를 적용하면

$$f(2)-f(0)=f'(c)(2-0)$$

을 만족하는 $c\in(0,2)$가 존재함을 알 수 있다. 따라서

$$f(2)=f(0)+2f'(c)=-3+2f'(c)\le -3+2\cdot 4=5$$

를 얻는다. 그러므로 $f(2)$가 될 수 있는 가장 큰 값은 5이다.

실제로 $f(x)=4x-3$이면 문제의 조건을 모두 만족하고 $f(2)=5$가 된다. □

연습문제 5.9

1. 주어진 구간의 다음 함수들에 정리 5.19를 적용하고 여기서 얻는 점 c를 모두 구하여라.
   (1) $f(x)=x^2-4x+1,\ \ [0,4]$
   (2) $f(x)=3x^2+2x+5,\ \ [-1,1]$
   (3) $f(x)=e^{-2x},\ \ [0,3]$
   (4) $g(x)=x\sqrt{x+6},\ \ [-6,0]$

2. 다음 방정식이 꼭 하나의 실수해를 가짐을 보여라.
   (1) $1+2x+x^3+4x^5=0$

(2) $x^3 + x - 1 = 0$

5.3.2 함수의 증감과 극대 극소

함수의 증감

f를 구간 I에서 정의된 함수라 하자.

정의 5.10. (1) $x_1 < x_2$인 모든 $x_1, x_2 \in I$에 대하여 $f(x_1) < f(x_2)$이면 f는 구간 I에서 **증가한다**(increasing)고 한다.
(2) $x_1 < x_2$인 모든 $x_1, x_2 \in I$에 대하여 $f(x_1) > f(x_2)$이면 f는 구간 I에서 **감소한다**(decreasing)고 한다.

정리 5.19의 응용으로 함수의 증감에 관한 다음의 정리를 얻을 수 있다.

정리 5.20: 증감 테스트

(1) 주어진 열린구간의 모든 x에 대해 $f'(x) > 0$이면 그 구간에서 f는 증가한다.
(2) 주어진 열린구간의 모든 x에 대해 $f'(x) < 0$이면 그 구간에서 f는 감소한다.

| **증명** | 구간 (a, b)에서 $f'(x) > 0$이라고 하자. $a < x_1 < x_2 < b$인 임의의 두 점 x_1, x_2에 대해 정리 5.19를 적용하면

$$f(x_2) - f(x_1) = f'(c)(x_2 - x_1)$$

을 만족하는 $c \in (x_1, x_2)$가 존재함을 알 수 있다. 그런데 $f'(c) > 0$이기 때문에 위 식으로부터 $f(x_1) < f(x_2)$를 얻고, 따라서 f는 (a, b)에서 증가함을 알 수 있다.

같은 방법으로 $f'(x) < 0$이면 f는 (a, b)에서 감소함을 보일 수 있다. □

예 5.49 함수 $f(x) = 3x^4 - 4x^3 - 12x^2 + 5$의 증감을 조사하여라.

| **풀이** | 함수 $f(x)$를 미분하면

$$f'(x) = 12x^3 - 12x^2 - 24x = 12x(x-2)(x+1)$$

이고, 여기에 정리 5.20을 적용하면 구간 $(-\infty, -1)$과 $(0, 2)$에서는 $f'(x) < 0$이므로 f는 감소하고, 구간 $(-1, 0)$과 $(2, \infty)$에서는 $f'(x) > 0$ 이므로 f는 증가한다. □

예 5.50 함수 $f(x) = x^3 - 3x$의 증감을 조사하여라.

|**풀이**| 주어진 함수를 미분하면

$$f'(x) = 3x^2 - 3 = 3(x-1)(x+1)$$

인데, 구간 $(-\infty, -1)$과 $(1, \infty)$에서는 $f'(x) > 0$이고, 구간 $(-1, 1)$에서는 $f'(x) < 0$임을 알 수 있다. 따라서 $f(x)$는 구간 $(-\infty, -1)$과 $(1, \infty)$에서 증가하고, 구간 $(-1, 1)$에서 감소한다. □

극대와 극소

미분법의 가장 중요한 응용들 중에는 어떤 것을 하는데 있어서 최적의 방법을 찾는 최적화 문제들이 있다. 그런데 많은 경우에 있어서 이 문제들은 함수의 최댓값 혹은 최솟값을 찾는 문제로 귀착된다. 먼저 최댓값과 최솟값의 의미를 정확하게 설명하기로 하자.

정의 5.11. 정의역이 D인 함수 f를 생각하자.
(1) D의 모든 점 x에 대해 $f(x) \leq f(c)$가 성립하면 f는 c에서 최대가 된다고 하고, $f(c)$를 D에서 f의 **최댓값**이라고 한다.
(2) 마찬가지로, D의 모든 점 x에 대해 $f(x) \geq f(c)$가 성립하면 f는 c에서 최소가 된다고 하고, $f(c)$를 D에서 f의 **최솟값**이라고 한다.

정의 5.12. 점 c를 정의역에 포함하는 함수 f에 대해 생각하자.
(1) 점 c 근방의 모든 점 x에 대해 $f(x) \leq f(c)$가 성립하면 f는 c에서 극대가 된다고 하고, $f(c)$를 **극댓값**이라고 한다.
(2) 마찬가지로, 점 c 근방의 모든 점 x에 대해 $f(x) \geq f(c)$가 성립하면 f는 c에서 극소가 된다고 하고, $f(c)$를 **극솟값**이라고 한다.
극댓값과 극솟값을 합쳐 극값이라고 한다.

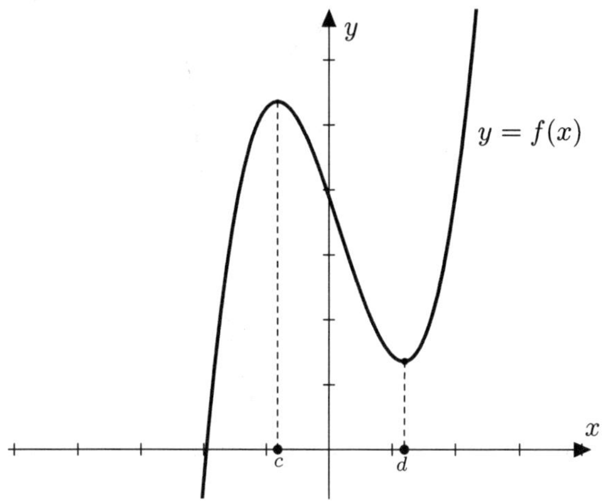

그림 5.19: 함수의 극대와 극소

그림 5.19의 그래프는 $x = c$에서 극댓값 $f(c)$를 갖고, $x = d$에서 극솟값 $f(d)$를 갖는다. 이 때 점 $(c, f(c))$와 $(d, f(d))$를 지나는 접선들의 기울기는 0임을 볼 수 있으며, 일반적으로 다음의 결과가 알려져 있다.

정리 5.21

함수 f가 점 c에서 극값을 가지고 $f'(c)$가 존재한다면 $f'(c) = 0$이다.

| 증명 | 함수 $f(x)$가 점 c에서 극대값을 갖는다면 절대값이 충분히 작은 실수 h에 대해

$$f(c+h) - f(c) < 0$$

이 성립한다. 따라서 정리 5.18의 증명과 같이

$$\lim_{h\to 0^+} \frac{f(c+h) - f(c)}{h} \le 0, \quad \lim_{h\to 0^-} \frac{f(c+h) - f(c)}{h} \ge 0$$

을 얻고, $f(x)$는 c에서 미분가능하기 때문에

$$f'(c) = \lim_{h\to 0^+} \frac{f(c+h) - f(c)}{h} = \lim_{h\to 0^-} \frac{f(c+h) - f(c)}{h} = 0$$

이라고 결론내릴 수 있다.

비슷하게 $f(x)$가 c에서 극솟값을 갖는 경우도 $f'(c) = 0$임을 증명할 수 있다. □

주의해야 할 것은 $f'(c) = 0$은 $f(x)$가 c에서 극값을 갖기 위한 필요조건이 되지만, 충분조건은 되지 않는다는 것이다. 예를 들어 $f(x) = x^3$은 $f'(0) = 0$을 만족하지만, $f(x)$는 증가함수이므로 $x = 0$에서 극값을 갖지 않는다.

한편, 함수 $f(x) = |x|$는 0에서 극솟값인 동시에 최솟값인 0를 갖지만, $f'(0)$은 존재하지 않음을 이미 알고 있다. 따라서 $f'(c)$가 존재하지 않음에도 불구하고 함수가 c에서 극값을 가질

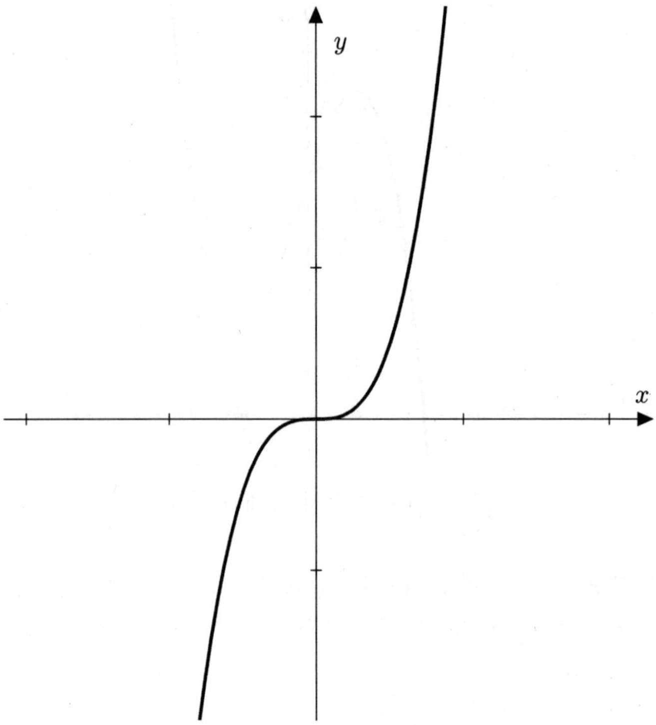

그림 5.20: 함수 $y = x^3$의 그래프

수도 있음을 알 수 있다. 결국, f의 극값을 구하기 위해서는 $f'(c) = 0$이거나 $f'(c)$가 존재하지 않는 경우 모두를 포함하여 다루어야 하고, 이를 위해 다음의 정의를 소개한다.

정의 5.13. 점 c가 함수 f의 **임계점**(critical point)이라는 것은 c를 포함하는 적당한 열린구간이 f의 정의역에 포함되고, $f'(c) = 0$이거나 $f'(c)$가 존재하지 않는 경우이다.

예 5.51 함수 $f(x) = x^3 - 3x^2 - 9x + 4$의 임계점을 구하여라.

|**풀이**| 주어진 함수를 미분하면

$$f'(x) = 3x^2 - 6x - 9 = 3(x^2 - 2x - 3) = 3(x-3)(x+1)$$

이므로 $f(x)$의 임계점은 $f'(x) = 0$을 만족하는 점인 $x = -1, 3$이다. □

예 5.52 함수 $g(x) = \sqrt{x}(x-1)$의 임계점을 구하여라.

| **풀이** | 주어진 함수를 미분하면

$$g'(x) = \frac{x-1}{2\sqrt{x}} + \sqrt{x} = \frac{x-1+2x}{2\sqrt{x}} = \frac{3x-1}{2\sqrt{x}}$$

이고, $g'(x) = 0$을 만족하는 x값은 $x = \frac{1}{3}$이다. 게다가 $g(x)$는 $x = 0$에서 미분불가능하므로 $g(x)$의 임계점은 $x = 0,\ \frac{1}{3}$이다. □

정리 5.21에 의해 미분가능한 함수 f가 점 c에서 극값을 가지면 c는 반드시 f의 임계점이 된다. 그러나 이 역은 참이 아니다. 다음 예제에서 이를 확인해 보자. .

예 5.53 함수 $f(x) = x^3$의 임계점을 구하고, 그 점에서 극값을 갖는지 조사하여라.

| **풀이** | 함수 $f(x)$는 실수전체에서 미분가능하고, $f'(x) = 3x^2 = 0$을 만족하는 x값은 $x = 0$이다. 따라서 $f(x)$의 임계점은 $x = 0$뿐인데, 앞서 살펴봤듯이 $f(x)$는 이 임계점에서 극값을 갖지 않는다. □

앞서 소개한 다음의 정리를 상기하자.

정리 5.22: 최대·최솟값의 정리

함수 f가 닫힌구간 $[a, b]$에서 연속이면 함수 f는 그 구간에서 반드시 최댓값과 최솟값을 갖는다.

참고 5.3 닫힌구간 $[a, b]$에서의 연속함수 f의 최댓값과 최솟값 구하기

(1) (a, b)에 있는 f의 임계점에서 함수값을 구한다.

(2) 구간의 양 끝 점에서의 함수값을 구한다.

(3) 위 (1), (2) 단계에서 구한 값 중 가장 큰 값이 최댓값, 가장 작은 값이 최솟값이 된다.

예 5.54 구간 $[-\frac{1}{2}, 4]$에서 함수 $f(x) = x^3 - 3x^2 + 1$의 최댓값과 최솟값을 구하여라.

| **풀이** | 함수 $f(x)$는 닫힌구간 $[-\frac{1}{2}, 4]$에서 연속이므로 위 정리에 의해 이 구간에서 최댓값과 최솟값을 갖는다. 이제 $f'(x) = 3x^2 - 6x = 3x(x-2)$는 구간 $(-\frac{1}{2}, 4)$의 모든 점 x에 대해 존재하므로 f의 임계점은 $x = 0,\ 2$가 된다. 임계점에서의 함수값 $f(0) = 1$, $f(2) = -3$과 구간의 양 끝점에서의 함수값 $f(-\frac{1}{2}) = \frac{1}{8}$, $f(4) = 17$을 비교하면 함수 $f(x)$의 최댓값은 $f(4) = 17$이고 최솟값은 $f(2) = -3$임을 알 수 있다. □

예 5.55 구간 $[-1, 2]$에서 함수 $f(x) = x^3 - 2x^2 + x + 3$의 최댓값과 최솟값을 구하여라.

|**풀이**| 함수 $f(x) = x^3 - 2x^2 + x + 3$은 주어진 구간에서 연속이므로 최댓값과 최솟값을 갖는다. 도함수 $f'(x) = 3x^2 - 4x + 1 = (3x-1)(x-1)$은 구간 $(-1, 2)$의 모든 점 x에 대해 존재하므로 f의 임계점은 $x = \frac{1}{3}$, 1이 된다. 임계점에서의 함숫값 $f(0) = 3$, $f(\frac{1}{3}) = \frac{85}{27}$와 구간의 양 끝점에서의 함숫값 $f(-1) = -1$, $f(2) = 5$를 비교하면 최댓값은 $f(2) = 5$이고 최솟값은 $f(-1) = -1$임을 알 수 있다. □

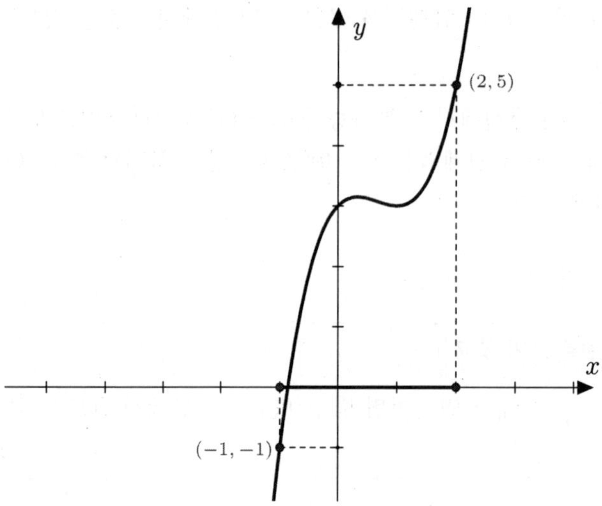

그림 5.21: 함수 $f(x) = x^3 - 2x^2 + x + 3$의 그래프

극값의 판정법

정리 5.23: 1계 도함수 판정법

점 c가 함수 $f(x)$의 임계점이고, 점 c를 포함하는 적당한 열린구간에서 함수가 미분가능할 때 다음이 성립한다.

(1) $f'(x)$의 부호가 점 c의 좌우에서 $-$에서 $+$로 변하면 $f(x)$는 c에서 극소이다.
(2) $f'(x)$의 부호가 점 c의 좌우에서 $+$에서 $-$로 변하면 $f(x)$는 c에서 극대이다.
(3) $f'(x)$의 부호가 점 c의 좌우에서 변하지 않으면 $f(x)$는 c에서 극값을 갖지 않는다.

참고 5.4 위 정리에서 $f'(c) = 0$임을 주목하자.

예 5.56 함수 $f(x) = 3x^4 - 4x^3 - 12x^2 + 5$의 극댓값과 극솟값을 구하여라.

| 풀이 | 주어진 함수를 미분하면

$$f'(x) = 12x^3 - 12x^2 - 24x = 12x(x-2)(x+1)$$

이므로 임계점은 $x = -1, 0, 2$이다.

x	$\cdots$	-1	$\cdots$	0	$\cdots$	2	$\cdots$
$f'(x)$	$-$	0	$+$	0	$-$	0	$+$

표 5.1: $f(x) = 3x^4 - 4x^3 - 12x^2 + 5$의 도함수의 부호

위 표와 정리 5.23에 의해 $f(x)$는 $x = 0$에서 극댓값 $f(0) = 5$를 갖고, $x = -1$과 $x = 2$에서 극솟값 $f(-1) = 0$과 $f(2) = -27$을 갖는다. □

예 5.57 함수 $f(x) = \dfrac{2}{3}x^3 - x^2 - 4x + 5$의 극대와 극소를 조사하여라.

| 풀이 | 주어진 함수를 미분하면

$$f'(x) = 2x^2 - 2x - 4 = 2(x-2)(x+1)$$

이므로 임계점은 $x = -1, 2$이다.

x	$\cdots$	-1	$\cdots$	2	$\cdots$
$f'(x)$	$+$	0	$-$	0	$+$

표 5.2: $f(x) = \dfrac{2}{3}x^3 - x^2 - 4x + 5$의 도함수의 부호

위 표와 정리 5.23에 의해 $f(x)$는 $x = -1$에서 극댓값 $f(-1) = \frac{22}{3}$를 갖고, $x = 2$에서 극솟값 $f(2) = -\frac{5}{3}$를 갖는다. □

정리 5.24: 2계 도함수 판정법

점 c가 함수 $f(x)$의 임계점이고, c를 포함하는 적당한 열린구간에서 함수가 두 번 미분가능하며, f''이 c에서 연속이라면 다음이 성립한다.
(1) $f''(c) > 0$이면 f는 c에서 극솟값을 갖는다.
(2) $f''(c) < 0$이면 f는 c에서 극댓값을 갖는다.

예 5.58 다음 함수의 극값을 구하여라.

(1) $f(x) = x^4 + 4x^3 - 8x^2$

(2) $f(x) = x^2 - 2\ln x$ (단, $x > 0$)

| 풀이 | (1) 주어진 함수를 미분하면

$$f'(x) = 4x^3 + 12x^2 - 16x = 4x(x-1)(x+4)$$

이고, 이 때 $f'(x) = 0$을 만족하는 x값은 $x = -4, 0, 1$이다. 한편

$$f''(x) = 12x^2 + 24x - 16$$

이므로 $f''(-4) = 80$, $f''(0) = -16$, $f''(1) = 20$임을 알 수 있다. 따라서 정리 5.24에 의해 함수 f는 $x = 1$과 $x = -4$에서 극솟값 $f(1) = -3$과 $f(-4) = -128$을 가지고, $x = 0$에서 극댓값 $f(0) = 0$을 갖는다.

(2) 주어진 함수를 미분하면

$$f'(x) = 2x - \frac{2}{x}$$

이고, 이 때 $f'(x) = 0$을 만족하는 x값은 $x = 1$이다. 한편

$$f''(x) = 2 + \frac{2}{x^2}$$

이고, $f''(1) = 3$이므로 정리 5.24에 의해 함수 f는 $x = 1$에서 극솟값 $f(1) = 1$을 갖는다.

□

연습문제 5.10

1. 다음 함수의 임계점을 구하여라.
   (1) $f(x) = x^3 + 7x^2 - 5x$
   (2) $f(x) = -x^3 - 2x^2 + x + 7$
   (3) $f(x) = x^4 + 4x^3 - 2x^2 - 12x$
   (4) $f(x) = x^{6/5} - 12x^{1/5}$
   (5) $f(x) = (x^2 - 4)^{2/3}$
   (6) $f(x) = \dfrac{x}{x^2 - 9}$

2. 주어진 구간에서 함수의 최댓값과 최솟값을 구하여라.
   (1) $y = \dfrac{1}{x}$, $[-2.3]$
   (2) $y = \dfrac{2x}{x-2}$, $[0, 4]$
   (3) $y = \dfrac{4}{(x-3)^2}$, $[2.5]$

(4) $y = -\dfrac{1}{(2-x)^2}$, $[0, 4]$

3. 다음 주어진 함수에 대하여 1계 도함수 판정법과 2계 도함수 판정법을 각각 사용하여 극값을 구하여라.
   (1) $f(x) = x^5 - 5x^2 + 3$
   (2) $f(x) = \dfrac{x^2}{x-1}$
   (3) $f(x) = x^4 + 8x^2 + 5$
   (4) $f(x) = x^4 + 7$

4. 다음 함수의 극값을 구하여라.
   (1) $f(x) = x^4 - 4x^3 + 1$
   (2) $f(x) = x^{2/3}$
   (3) $f(x) = x^4 - 4x^3$
   (4) $f(x) = xe^x$

5.3.3 함수의 오목·볼록과 변곡점

함수의 최댓값과 최솟값을 구하기 위해서는 함수가 정의되는 구간에서 극댓값과 극솟값은 물론, 정의역이 닫힌구간일 때에는 양쪽 끝점에서의 함수값도 계산해야 한다. 더구나 정의역이 $[0, \infty)$처럼 무한인 경우에는 함수 자체가 증가함수인지 감소함수인지 여부까지도 알고 있어야만 최댓값과 최솟값을 구할 수 있다.

그러나 경우에 따라서는 1계 도함수만을 이용하여 손쉽게 최댓값과 최솟값을 구할 수 있다. 볼록함수와 오목함수의 개념은 경영경제학에서 흔히 쓰이는 것으로, 일단 분석의 대상이 되는 함수가 볼록함수인 것으로 판단되면 최솟값이나 극솟값을 구하기 쉬우며, 이와 반대로 함수가 오목함수인 경우에는 최댓값이나 극댓값을 구하기 쉽기 때문에 많은 경우 극값이나 최대·최솟값의 계산에 앞서 함수가 오목인지 볼록인지 알아본다.

정의 5.14. 구간 I에서 정의된 함수 f에 대해 생각하자.
(1) 함수 f의 그래프가 각 점에서의 접선 위에 놓여 있으면 I에서 **아래로 볼록**(convex downward)하다고 한다.
(2) 함수 f의 그래프가 각 점에서의 접선 아래에 놓여 있으면 I에서 **아래로 오목**(concave downward)하다고 한다.
앞으로는 "아래로"를 생략해서 간단히 함수의 그래프가 볼록 또는 오목하다고 한다.

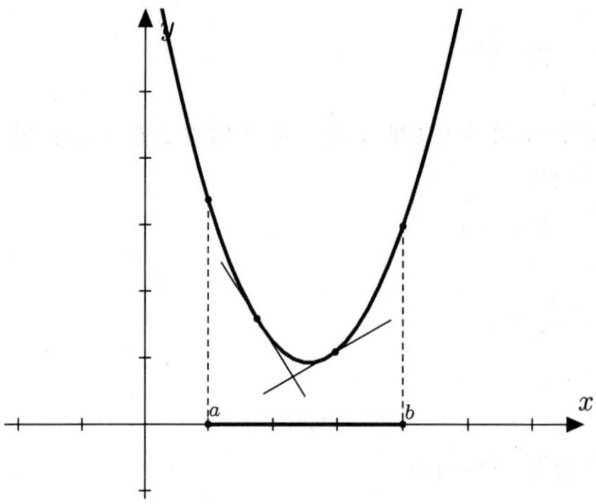

그림 5.22: 볼록함수의 예

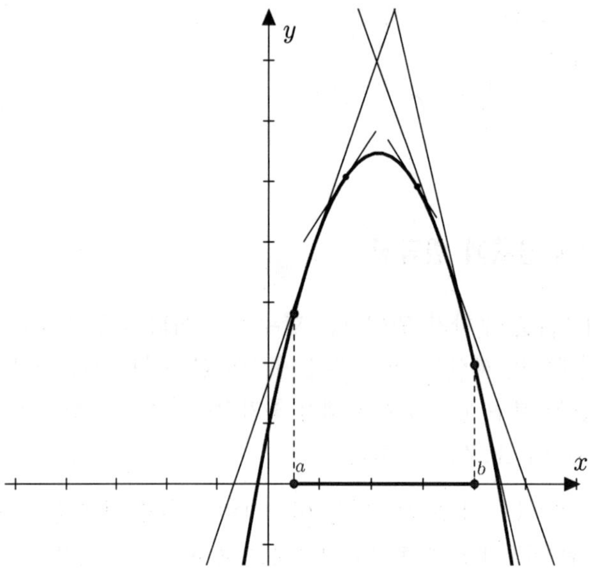

그림 5.23: 오목함수의 예

주어진 열린구간에서 두 번 미분가능한 함수 f의 그래프가 오목한 경우 그림 5.22에서 볼 수 있듯이 $f'(x)$는 감소함수이므로 구간의 모든 점 x에서 $f''(x) < 0$이 성립한다. 또한, 주어진 구간에서 함수 f의 그래프가 볼록한 경우 그림 5.23에서 볼 수 있듯이 $f'(x)$는 증가함수이므로 구간의 모든 점 x에서 $f''(x) > 0$이 성립한다. 다음과 같이 이것의 역도 성립한다.

정리 5.25: 오목성 테스트

열린구간 I에서 두 번 미분가능한 함수 f에 대해 다음이 성립한다.

(1) I의 모든 점 x에서 $f''(x) > 0$이면 f의 그래프는 I에서 볼록하다.

(2) I의 모든 점 x에서 $f''(x) < 0$이면 f의 그래프는 I에서 오목하다.

예 5.59 함수 $f(x) = x^3 - 6x^2 + 9x - 1$이 증가, 감소, 오목, 볼록인 구간을 구하여라.

| 풀이 | 주어진 함수를 미분하면

$$f'(x) = 3x^2 - 12x + 9 = 3(x^2 - 4x + 3) = 3(x-1)(x-3)$$

이므로 $x = 1$과 $x = 3$에서 $f'(x) = 0$이 된다. 또한

$$f''(x) = 6x - 12 = 6(x-2)$$

이므로 $x = 2$에서 $f''(x) = 0$이 된다.

x	$\cdots$	1	$\cdots$	2	$\cdots$	3	$\cdots$
$f'(x)$	$+$	0	$-$	$-$	$-$	0	$+$
$f''(x)$	$-$	$-$	$-$	0	$+$	$+$	$+$
$f(x)$	$\nearrow$	극대값	$\searrow$	(변곡)	$\searrow$	극소값	$\nearrow$

표 5.3: $f(x) = x^3 - 6x^2 + 9x - 1$의 $1 \cdot 2$계 도함수

위 표와 정리 5.20에 의해 함수 f는 구간 $(-\infty, 1)$과 $(3, \infty)$에서 증가하고, 구간 $(1, 3)$에서 감소한다. 또한, 정리 5.25에 의해 함수 f는 구간 $(-\infty, 2)$에서 오목하고, 구간 $(2, \infty)$에서 볼록하다. □

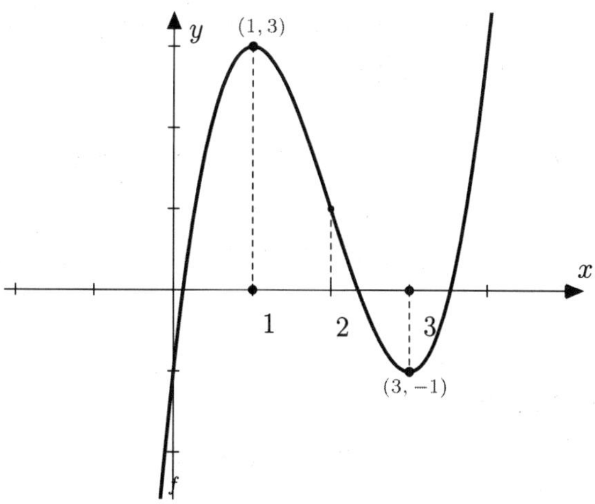

그림 5.24: 함수 $f(x) = x^3 - 6x^2 + 9x - 1$의 그래프

정의 5.15. 함수 f의 그래프가 점 P에서 오목에서 볼록 또는 볼록에서 오목으로 바뀔 때, 점 P를 함수 f의 **변곡점**(inflecion point)이라고 한다.

예 5.60 함수 $f(x) = x^3 - 9x^2$의 임계점과 변곡점을 구하여라.

| **풀이** | 주어진 함수를 미분하면

$$f'(x) = 3x^2 - 18x = 3x(x-6)$$

이므로 함수 f의 임계점은 $x=0$과 $x=6$이다. 한편

$$f''(x) = 6x - 18 = 6(x-3)$$

인데 $x=3$의 근방에서 f''의 부호가 $-$에서 $+$로 바뀌는 것을 알 수 있다. 따라서 함수 f의 변곡점은 $(3, -54)$이다. □

예 5.61 3차식 $f(x) = x^3 + ax^2 + bx + c$는 항상 변곡점을 가짐을 보여라.

| **풀이** | 함수 $f(x)$를 두 번 미분하면

$$f''(x) = 6x + 2a$$

인데 $x = -\frac{a}{3}$의 근방에서 f''의 부호가 $-$에서 $+$로 바뀌는 것을 알 수 있다. 따라서 점 $(-\frac{a}{3}, f(-\frac{a}{3}))$는 $f(x)$의 변곡점이다. □

함수의 극점, 증감, 변곡점, 오목, 볼록 구간을 조사하면 그래프의 개형을 구할수 있다.

예 5.62 함수 $f(x) = \dfrac{1}{3}x^3 - x^2 + 2$의 극점, 증감, 변곡점, 오목, 볼록 구간을 조사하여 그래프의 개형을 구하여라.

| **풀이** | 주어진 함수를 미분하면

$$f'(x) = x(x-2)$$

이므로 임계점은 $x=0$과 $x=2$이다. 또한

$$f''(x) = 2x - 2$$

이므로 $f''(x) = 0$을 만족하는 x값은 $x=1$이다.

x	$\cdots$	0	$\cdots$	1	$\cdots$	2	$\cdots$
$f'(x)$	$+$	0	$-$	$-$	$-$	0	$+$
$f''(x)$	$-$	$-$	$-$	0	$+$	$+$	$+$
$f(x)$	$\nearrow$	2	$\searrow$	$\frac{4}{3}$	$\searrow$	$\frac{2}{3}$	$\nearrow$

표 5.4: 함수 $f(x) = \dfrac{1}{3}x^3 - x^2 + 2$의 도함수의 증감표

$x = 0, 2$ 그리고 $x = 1$ 값을 기준으로 도함수의 증감표를 작성하면 함수 f는 $x = 0$에서 극댓값 $f(0) = 2$를 가지고, $x = 2$에서 극솟값 $f(2) = \frac{2}{3}$를 가지며, 점 $(1, \frac{4}{3})$에서 변곡점을 갖는다. 또한, 함수 $f(x)$의 그래프는 구간 $(-\infty, 1)$에서 오목하고, 구간 $(1, \infty)$에서 볼록하다. □

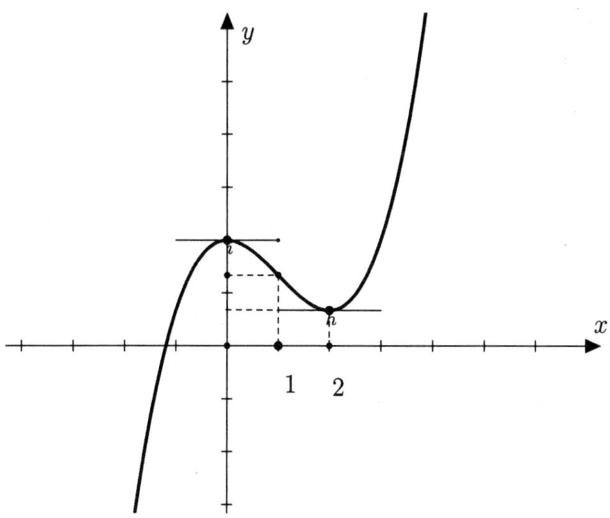

그림 5.25: 함수 $f(x) = \dfrac{1}{3}x^3 - x^2 + 2$의 그래프

예 5.63 함수 $f(x) = x^4 - 4x^3$의 극점, 증감, 변곡점, 오목, 볼록 구간을 구하여라.

| **풀이** | 주어진 함수를 미분하면

$$f'(x) = 4x^3 - 12x^2 = 4x^2(x-3)$$

이므로 임계점은 $x = 0$과 $x = 3$이다. 또한

$$f''(x) = 12x^2 - 24x = 12x(x-2)$$

이므로 $f''(x) = 0$이 되는 점은 $x = 0$과 $x = 2$이다.

x	$\cdots$	0	$\cdots$	2	$\cdots$	3	$\cdots$
$f'(x)$	$-$	0	$-$	$-$	$-$	0	$+$
$f''(x)$	$+$	0	$-$	0	$+$	$+$	$+$
$f(x)$	$\searrow$	0	$\searrow$	-16	$\searrow$	-27	$\nearrow$

표 5.5: 함수 $f(x) = x^4 - 4x^3$의 도함수의 증감표

$x = 0$의 근방에서 f'의 부호가 바뀌지 않으므로 $x = 0$에서는 극값이 존재하지 않는다. 따라서 f는 $x = 3$에서 극솟값 $f(3) = -27$을 가지고, 점 $(0,0)$과 $(2,-16)$이 변곡점이다. 또한, f의 그래프는 구간 $(-\infty, 0)$과 $(2, \infty)$에서 볼록하고, 구간 $(0,2)$에서 오목하다. □

연습문제 5.11

1. 다음 함수의 변곡점을 구하고, 그래프가 오목한 구간, 볼록한 구간을 각각 찾아라.
   (1) $y = -x^2 + 3x + 1$
   (2) $y = x^3 - 3x^2 - 24x + 2$
   (3) $y = x^{4/5}$
   (4) $y = \dfrac{1}{x^2+1}$

2. 점 $(1,2)$가 함수 $f(x) = ax^3 + bx^2$의 변곡점일 때 상수 a와 b의 값을 구하여라.

3. $f(x) = ax^3 + bx^2 + cx + d$가 점 $(0,3)$에서 극값을 갖고, 점 $(1,7)$에서 변곡점을 가질 때 상수 a, b, c, d의 값을 구하여라.

4. 함수 $f(x) = 4x^{1/3} + x^{4/3}$의 극값, 증감, 변곡점, 오목 볼록한 구간을 조사하여 그래프의 개형을 구하여라.

5.3.4 부정형과 로피탈 법칙

두 함수 $f(x)$와 $g(x)$가 $x = a$에서 극한값을 가질 때 이 두 함수의 곱, 몫 또는 지수식 등의 극한값은 통상적인 방법으로 구해지지 않는 경우가 종종 있다. 예컨대 앞장에서 다룬 극한값

$$\lim_{x\to 0} \frac{e^x - 1}{x}$$

은 부정형을 이루기 때문에 통상적인 대수적 방법

$$\lim_{x\to 0} \frac{e^x - 1}{x} = \frac{\lim_{x\to 0}(e^x - 1)}{\lim_{x\to 0} x}$$

로는 구해지지 않는다. 이와 같이 x가 a에 한없이 가까워질 때 $f(x)$와 $g(x)$로 정의되는 대수함수식 $f(x)g(x)$, $f(x)/g(x)$ 또는 $f(x)^{g(x)}$ 등은 부정형을 이루면서도, 한편으로는 어떤 값에 한없이 가까워져 극한값을 가질 수 있다. 함수의 부정형에서 극한값이 존재할 때, 그 극한값을 계산하는 과정을 간단히 부정형의 계산이라고 한다. 부정형의 계산방법을 몇 가지로 나누어 생각한다.

부정형 $\frac{0}{0}$과 부정형 $\pm\frac{\infty}{\infty}$

$x \to a$ 일 때 동시에 $f(x) \to 0$이고 $g(x) \to 0$이면 극한 $\lim_{x\to a} \frac{f(x)}{g(x)}$는 $\frac{0}{0}$형의 부정형이다. 또한, $x \to a$ 일 때 동시에 $f(x) \to \pm\infty$이고 $g(x) \to \pm\infty$이면 극한 $\lim_{x\to a} \frac{f(x)}{g(x)}$는 $\pm\frac{\infty}{\infty}$형의 부정형이다. 이러한 유형의 극한은 다음의 로피탈 법칙을 이용해 구할 수 있다.

정리 5.26: 로피탈 법칙 (L'Hospital's Rule)

점 a근방에서 함수 f와 g가 미분가능하고 $g'(x) \neq 0$이라고 하자. 이 때

$$\lim_{x\to a} f(x) = \lim_{x\to a} g(x) = 0$$

또는

$$\lim_{x\to a} f(x) = \pm\infty, \quad \lim_{x\to a} g(x) = \pm\infty$$

라고 하자. 즉, $\lim_{x\to a} \frac{f(x)}{g(x)}$가 $\frac{0}{0}$ 또는 $\pm\frac{\infty}{\infty}$형의 부정형이라고 하자. 만약 극한값

$$\lim_{x\to a} \frac{f'(x)}{g'(x)}$$

가 존재하면

$$\lim_{x\to a} \frac{f(x)}{g(x)} = \lim_{x\to a} \frac{f'(x)}{g('x)}$$

가 성립한다.

| 증명 | 우리는 $\lim_{x\to a} f(x) = \lim_{x\to a} g(x) = 0$인 경우만 증명해본다. 만약 $x = a$에서 $f(x)$와 $g(x)$의 함수값을 $f(a) = 0$, $g(a) = 0$으로 새로 정의한다면 $f(x)$와 $g(x)$는 a에서 연속이 된다. a근방의 점 x에 대해서 정리 5.19에 의해

$$\frac{f(x)}{g(x)} = \frac{f(x) - f(a)}{g(x) - g(a)} = \frac{(f(x) - f(a))/(x-a)}{(g(x) - g(a))/(x-a)} = \frac{f'(c)}{g'(c)}$$

가 되는 c가 a와 x 사이에 존재한다. 이제 $x \to a$이면 $c \to a$가 되고, $\lim_{x\to a} \frac{f'(x)}{g'(x)}$가 존재하기 때문에

$$\lim_{x\to a} \frac{f(x)}{g(x)} = \lim_{x\to a} \frac{f'(x)}{g('x)}$$

가 성립한다. □

참고 5.5 이 정리는 $a = \infty$ 또는 $a = -\infty$일 때도 성립한다.

예 5.64 다음 극한값을 계산하여라.

(1) $\displaystyle\lim_{x\to 0} \frac{x}{1-e^x}$

(2) $\displaystyle\lim_{x\to \infty} \frac{e^x}{x^2}$

(3) $\displaystyle\lim_{x\to \infty} \frac{\ln x}{\sqrt[3]{x}}$

| **풀이** | (1) $\lim_{x\to 0} x = 0$이고 $\lim_{x\to 0}(1-e^x) = 0$이므로 이 극한은 $\frac{0}{0}$형의 부정형이다. 정리 5.26에 의해 다음을 얻는다.

$$\lim_{x\to 0} \frac{x}{1-e^x} = \lim_{x\to 0} \frac{1}{-e^x} = -1$$

(2) $\lim_{x\to\infty} e^x = \infty$이고 $\lim_{x\to\infty} x^2 = \infty$이므로 이 극한은 $\frac{\infty}{\infty}$형의 부정형이다. 정리 5.26에 의해 다음을 얻는다.

$$\lim_{x\to\infty} \frac{e^x}{x^2} = \lim_{x\to\infty} \frac{e^x}{2x} = \lim_{x\to\infty} \frac{e^x}{2} = \infty$$

(3) $\lim_{x\to\infty} \ln x = \infty$이고 $\lim_{x\to\infty} \sqrt[3]{x} = \infty$이므로 이 극한은 $\frac{\infty}{\infty}$형의 부정형이다. 정리 5.26에 의해 다음을 얻는다.

$$\lim_{x\to\infty} \frac{\ln x}{\sqrt[3]{x}} = \lim_{x\to\infty} \frac{1/x}{1/3x^{-2/3}} = \lim_{x\to\infty} \frac{3}{\sqrt[3]{x}} = 0$$

□

부정형 $0 \cdot \infty$

주어진 함수식을 먼저 부정형 $\frac{0}{0}$ 또는 부정형 $\pm\frac{\infty}{\infty}$으로 바꾸고, 여기에 정리 5.26을 적용한다.

예 5.65 다음 극한값을 구하여라.

(1) $\displaystyle\lim_{x\to\infty} xe^{-x}$

(2) $\displaystyle\lim_{x\to 0^+} x\ln x$

| **풀이** | (1) $\lim_{x\to\infty} x = \infty$이고 $\lim_{x\to\infty} e^{-x} = 0$이므로 이 극한은 $0\cdot\infty$형의 부정형이다. 그러나 $xe^{-x} = \frac{x}{e^x}$이므로 이 극한은 $\frac{\infty}{\infty}$형의 부정형으로 변환가능하다. 따라서 정리 5.26에 의해 다음을 얻는다.

$$\lim_{x\to\infty} xe^{-x} = \lim_{x\to\infty} \frac{x}{e^x} = \lim_{x\to\infty} \frac{1}{e^x} = 0$$

(2) $\lim_{x\to0+} x = 0$이고 $\lim_{x\to0+} \ln x = -\infty$이므로 이 극한은 $0\cdot\infty$형의 부정형이다. 그러나 $x\ln x = \dfrac{\ln x}{1/x}$이므로 이 극한은 $-\frac{\infty}{\infty}$형의 부정형으로 변환가능하다. 따라서 정리 5.26에 의해 다음을 얻는다.

$$\lim_{x\to0+} x\ln x = \lim_{x\to0+}\frac{\ln x}{1/x} = \lim_{x\to0+}\frac{1/x}{-1/x^2} = \lim_{x\to0+}(-x) = 0$$

□

부정형 $\infty - \infty$

주어진 함수식을 대수적인 방법에 의하여 분수식으로 고쳐 부정형 $\frac{0}{0}$ 또는 부정형 $\pm\frac{\infty}{\infty}$으로 바꾸고, 여기에 정리 5.26을 적용한다.

예 5.66 극한 $\lim_{x\to\infty}(\sqrt{x^2+2x}-x)$를 구하여라.

| 풀이 | $\lim_{x\to\infty}\sqrt{x^2+2x} = \infty$이고 $\lim_{x\to\infty} x = \infty$이므로 이 극한은 $\infty - \infty$형의 부정형이다. 그러나

$$\sqrt{x^2+2x}-x = \frac{(\sqrt{x^2+2x}-x)(\sqrt{x^2+2x}+x)}{\sqrt{x^2+2x}+x} = \frac{2x}{\sqrt{x^2+2x}+x}$$

이므로 이 극한은 $\frac{\infty}{\infty}$형의 부정형으로 변환가능하다. 따라서 정리 5.26에 의해 다음을 얻는다.

$$\lim_{x\to\infty}(\sqrt{x^2+2x}-x) = \lim_{x\to\infty}\frac{2x}{\sqrt{x^2+2x}+x} = \lim_{x\to\infty}\frac{2}{\frac{x+1}{\sqrt{x^2+2x}}+1} = \frac{2}{2} = 1$$

□

부정형 0^0, ∞^0, 0^∞, 1^∞

함수 $y = f(x)^{g(x)}$의 극한값은 함수에 자연로그를 취한 $\ln y = g(x)\ln f(x)$의 극한값을 구하여 얻을 수 있다. 만일 $\lim_{x\to a}\ln y = k$가 되었다면 $\lim_{x\to a} y = e^k$이다.

예 5.67 극한값 $\lim_{x\to0^+} x^x$을 구하여라.

| 풀이 | $\lim_{x\to0^+} x = 0$이므로 이 극한은 0^0형의 부정형이다. $y = x^x$에 자연로그를 취하면 $\ln y = x\ln x$가 되고 예 5.65 (2)에서 $\lim_{x\to0^+} x\ln x = 0$을 구했으므로 다음을 얻을 수 있다.

$$\lim_{x\to0^+} x^x = \lim_{x\to0^+} y = e^0 = 1$$

□

연습문제 5.12

1. 다음 극한값을 구하여라.

(1) $\lim_{x\to 0} \frac{3^x - 2^x}{x}$

(2) $\lim_{x\to 0^+} x^3 \ln x$

(3) $\lim_{x\to\infty} \frac{\ln x}{\sqrt{x}}$

(4) $\lim_{x\to\infty} \frac{(2x+1)^4}{x^4+3}$

(5) $\lim_{x\to 1} \left(\frac{1}{\ln x} - \frac{x}{x-1}\right)$

(6) $\lim_{x\to 0} (e^x + 3x)^{1/x}$

(7) $\lim_{x\to\infty} \left(\frac{x+1}{x}\right)^x$

(8) $\lim_{x\to\infty} (1+x^2)^{1/\ln x}$

(9) $\lim_{x\to\infty} (1+e^x)^{1/x}$

5.4 종합문제

1. 다음 극한을 구하시오.

   (1) $\lim_{x \to 0} \frac{\sqrt{3x+5}-\sqrt{5}}{x}$

   (2) $\lim_{x \to 0} [2-x^2]$

   (3) $\lim_{x \to 0} \left(\frac{1}{\ln(x+1)} - \frac{1}{x} \right)$

   (4) $\lim_{x \to 0} (1+2x)^{1/x}$

2. 주어진 함수가 연속이 되도록 k 또는 a, b를 구하여라.

   (1) $f(x) = \begin{cases} \frac{x^2-4}{x^3-8}, & x \neq 2 \\ k, & x = 2 \end{cases}$

   (2) $\lim_{x \to \infty} \frac{x^{2n-1}+ax^2+bx}{x^{2n}+1}$

3. 다음 함수들의 도함수를 구하시오.

   (1) $y = \sqrt{x} + \frac{1}{x} - \frac{3}{x^2}$

   (2) $y = \frac{4-x}{\ln x}$

   (3) $y = (x^2+1)^x$

   (4) $x^3 + y^3 - 3xy = 0$

4. 함수 $f(x) = x^3 + x + e^x$의 역함수를 $g(x)$라 할 때 $g'(1)$을 구하여라.

5. 주어진 점 P에서 곡선의 접선의 방정식을 구하시오.

   (1) $y = 3x^2 + 2, \;\; P(1,5)$

   (2) $f(x) = \ln(x^2 + x^4), \;\; P(1,0)$

   (3) $x^2 - 2xy + y^2 = 1, \;\; P(2,1)$

   (4) $x^3 + y^3 = 6xy, \;\; P(3,3)$

6. 구간 $[0,3]$에서 정의된 함수 $f(x) = x^{4/3} - 4x^{1/3}$의 최댓값과 최솟값을 구하여라.

7. 함수 $f(x) = \frac{1}{x^2+1}$의 극대 및 극소와 변곡점을 구하여라.

Chapter 6

다변수 함수의 미분

이 장에서는 지금까지 공부한 하나의 변수를 가지는 함수의 미분과 도함수의 개념을 두 개 이상 변수를 가지는 다변수 함수에 적용해 보고, 개념을 확장한다. 다변수 함수의 개념은 실생활에서 쉽게 찾을 수 있다. 예를 들어 햄버거의 가격을 결정할 때도 여러가지 재료들의 가격과 인건비, 운반비 등 매우 다양한 요소들이 가격을 결정한다. 이와 같이 일상의 많은 경우에서 어떠한 가치 혹은 값은 다양한 요소들에 의해 결정이 되고, 이러한 현상은 과학을 비롯해 여러 분야에서 발생한다. 다양한 요소들을 여러 개의 변수로 하고, 가치, 가격 혹은 값을 함수값으로 하면 다변수 함수의 훌륭한 모델을 만들 수 있다.

우리는 먼저 가장 쉬운 경우인 독립변수가 두 개인 함수의 미분을 정의하고 그 성질을 고려하며, 보다 많은 독립변수를 가지는 다변수 함수의 경우로 확장한다.

6.1 편도함수

변수의 변화에 대한 함수값의 변화의 비율이 미분의 기본적인 개념이다. 하나의 변수를 가지는 함수에 적용되는 이러한 개념을 두 개 이상의 변수를 가지는 함수에 적용하려 할 때, 미분하고자 하는 변수를 제외하고 다른 모든 변수를 정지시켜 상수로 간주함으로써 다변수 함수를 사실상 미분하고자 하는 변수만의 일변수 함수처럼 만들고, 미분의 개념을 적용하는 것은 자연스러운 확장이다. 우리는 이것을 편미분이라고 하고, 편미분이 되어 얻어진 함수를 편도함수라고 부른다. 이 절에서는 먼저 한 번만 편미분하는 1차 편미분과 편도함수를 배우고, 그 다음 두 번 이상의 편미분인 고차 편미분과 편도함수를 공부한다.

6.1.1 1차 편미분

먼저 한 개의 변수를 가지는 함수에 정의된 미분을 다변수 함수에 적용하고자 한다. 이 때 미분할 변수를 정하고 나머지 변수를 고정된 값으로 가정하여, 다변수 함수를 미분할 변수에 관한 일변수 함수로 생각할 수 있다. 이렇게 하면 일변수 함수의 개념인 미분의 개념을 적용할 수 있다. 이것이 미분할 변수에 대한 편미분이다. 예를 들어, 변수 두 개를 가지는 함수 $z = f(x, y)$를 미분하고자 할 때, 편의상 미분할 변수를 x로 정하고 나머지 변수 y는 상수로 고정하면 f는 변수 x만 움직이는 일변수 함수가 되고, 이것의 미분이 x 방향의 편미분이 된다. 이러한 방법은 두 개 이상인 n개의 변수를 가지는 함수 $z = f(x_1, x_2, \ldots, x_n)$의 경우에도 자연스럽게 적용이 가능하다.

정의 6.1. (1) 이변수 함수 $f(x, y)$가 점 (x_a, y_a)를 중심으로 하는 작은 원형 영역

$$|(x, y) - (x_a, y_a)| < d$$

에서 정의되어 있을 때, 다음 극한 값을 각각 점 (x_a, y_a)에서 x의 편미분계수, y의 편미분계수라고 한다.

$$\frac{\partial f}{\partial x}(x_a, y_a) = \lim_{\triangle x \to 0} \frac{f(x_a + \triangle x, y_a) - f(x_a, y_a)}{\triangle x}$$
$$\frac{\partial f}{\partial y}(x_a, y_a) = \lim_{\triangle y \to 0} \frac{f(x_a, y_a + \triangle y) - f(x_a, y_a)}{\triangle y}$$

(2) 2개 이상인 n개의 변수를 가지는 다변수 함수 $f(x_1, \ldots, x_n)$이 점 $(x_{1a}, \ldots, x_{na})$를 중심으로 하는 n차원의 작은 구형 영역

$$|(x_1, \ldots, x_n) - (x_{1a}, \ldots, x_{na})| < d \tag{6.1}$$

에서 정의되어 있을 때, 1부터 n까지의 각각의 자연수 i에 대해 다음 극한 값을 점 $(x_{1a}, \ldots, x_{na})$에서 x_i의 편미분계수라고 한다.

$$\frac{\partial f}{\partial x_i}(x_{1a}, \ldots, x_{na}) = \lim_{\triangle x_i \to 0} \frac{f(x_{1a}, \ldots, x_{ia} + \triangle x_i, \ldots, x_{na}) - f(x_{1a}, \ldots, x_{na})}{\triangle x_i}$$

(3) 편도함수는 함수 f에 대하여 편미분계수를 값으로 가지는 함수를 말하며, 위의 편미분과 같은 기호를 공유한다.

참고 6.1 부등식 (6.1)은

$$\sqrt{(x_1 - x_{1a})^2 + \cdots + (x_n - x_{na})^2} < d$$

를 뜻한다.

편도함수와 편미분계수를 나타내는 아래와 같은 다양한 기호들이 사용되고 있다.

$$f_x,\ f_y,\ f_1,\ f_2,\ D_x f,\ D_y f,\ D_1 f,\ D_2 f,\ \partial_x f,\ \partial_y f$$

여기에서 부호 ∂는 'round'라고 읽는다.

이제부터 예제를 통해 실제로 편미분을 해 보고, 편도함수를 구해 보자.

예 6.1 함수 $f(x,y) = x^2 + xy - y^2$의 편도함수 f_x와 f_y를 구하고, 점 $(1,2)$에서 각 변수의 편미분계수를 구하라.

| 풀이 | x에 관한 편도함수 f_x는 y를 어떤 숫자를 대입한 상수로 가정하고, f를 x에 관한 일변수 함수와 같이 간주하여 미분을 하면 얻어진다. 그래서 항 $-y^2$과 같이 y만 이루어진 항은 x로 편미분하면 0이 되고

$$f_x(x,y) = 2x + y$$

를 얻는다. 비슷한 방법으로 y에 관한 편도함수 f_y는 다음과 같다.

$$f_y(x,y) = x - 2y$$

점 $(1,2)$에서 편미분계수는 점을 대입하면 얻을 수 있는데 구체적으로

$$f_x(1,2) = 2 \cdot 1 + 2 = 4, \quad f_y(1,2) = 1 - 2 \cdot 2 = -3$$

이 된다. □

예 6.2 함수 $f(x,y) = e^{x^2-y^2}$의 편도함수 f_x 와 f_y를 구하고, 점 $(1,1)$에서 각 변수의 편미분계수를 구하라.

| 풀이 | 마찬가지로 x에 관한 편도함수 f_x는 y를 상수로 간주하고 f를 x에 관해 미분을 하면 얻어진다. 실제로 일변수의 미분과 같은 작업을 하기 때문에 연쇄법칙과 같은 합성함수의 미분도 사용할 수 있다. 만약

$$u(x,y) = x^2 - y^2$$

이라고 놓으면 $f(x,y) = e^u$이 되고, 미분의 연쇄법칙에 의해

$$f_x(x,y) = 2xe^u$$

가 된다. 비슷한 방법으로 y에 관한 편도함수 f_y는 다음과 같다.

$$f_y(x,y) = -2ye^u$$

이제 점 $(1,1)$에서 편미분계수는 대입을 통해 얻어지고

$$f_x(1,1) = 2, \quad f_y(1,1) = -2$$

가 된다. □

아래 예제에서는 두 개보다 많은 변수를 가지는 함수의 편도함수와 편미분을 생각해 본다.

예 6.3 함수 $f(x,y,z)=xy^2z^3$의 모든 편도함수 f_x, f_y, f_z를 구하고, 점 $(1,1,1)$에서 모든 편미분계수도 구하라.

| **풀이** | 먼저 x에 관한 편도함수 f_x는 y와 z를 상수로 하고 f를 x에 관해 미분을 하면 얻어진다.

$$f_x(x,y,z)=y^2z^3$$

비슷한 방법으로 y에 관한 편도함수 f_y는 다음과 같다.

$$f_y(x,y,z)=2xyz^3,\quad f_z(x,y,z)=3xy^2z^2$$

점 $(1,1,1)$에서 편미분계수는 대입을 통해 얻어지고

$$f_x(1,1,1)=1,\quad f_y(1,1,1)=2,\quad f_z(1,1,1)=3$$

이 된다. □

6.1.2 2차 이상의 고차 편미분

다변수 함수 $f(x_1,\ldots,x_n)$의 편도함수 $f_{x_i}(x_1,\ldots,x_n)$이 존재할 경우, 이 1차 편도함수도 새로운 다변수함수로 이해할 수 있다. 그래서 편도함수에 다시 한번 편미분의 개념을 적용할 수 있으며, 결과물을 2차 편도함수라고 한다. 더 나아가 같은 방법을 사용하여 3차, 4차, 고차 편도함수를 정의할 수 있다.

정의 6.2. n개의 변수를 가지는 다변수 함수 $f(x_1,\ldots,x_n)$이 점 $(x_{1a},\ldots,x_{na})$를 중심으로 한 n차원의 작은 구형 영역

$$|(x_1,\ldots,x_n)-(x_{1a},\ldots,x_{na})|<d$$

에서 정의가 되어 있을 때, 2차 편미분계수를 다음과 같이 정의한다.

$$f_{x_ix_j}(x_{1a},\ldots,x_{na})=\frac{\partial}{\partial x_j}\left(\frac{\partial f}{\partial x_i}\right)(x_{1a},\ldots,x_{na})\quad(1\le i,\ j\le n)$$

참고 6.2 $f_{x_ix_j}$와 $f_{x_ix_i}$ 기호 대신 각각 $\dfrac{\partial^2 f}{\partial x_i\partial x_j}$와 $\dfrac{\partial^2 f}{\partial x_i^2}$을 사용하기도 한다.

다변수의 반복적인 편미분에서 보통의 경우 미분의 순서를 바꾸더라도 값이 변하지 않는다. 여기에서 보통의 경우란 2차 편미분의 연속성이 보장되는 때를 의미하는 것으로 우리가 흔하게 사용하는 다항식이나 삼각함수 등이 이러한 조건을 만족한다. 이렇게 미분의 순서를 자유롭게 바꿀 수 있는 성질을 Young의 정리라고 부르며 다음과 같다.

정리 6.1: Young의 정리

다변수 함수 f의 모든 2차 편미분이 점 $(x_{1a}, \ldots, x_{na})$에서 연속이라고 하면 다음이 성립한다.

$$f_{x_i x_j}(x_{1a}, \ldots, x_{na}) = f_{x_j x_i}(x_{1a}, \ldots, x_{na}) \quad (1 \le i,\ j \le n)$$

그리고 이것을 함수로 만들었을 때 2차 편도함수라고 부른다.

이제 다음 예제를 통해 이러한 성질을 확인해보자.

예 6.4 함수 $f(x,y) = xe^{y^2}$의 모든 2차 편도함수를 구하고, Young의 정리를 확인하여라.

| **풀이** | 먼저 1차 편도함수를 구하면

$$f_x = e^{y^2}, \quad f_y = 2xye^{y^2}$$

이다. 게다가 2차 편도함수는

$$\begin{aligned} f_{xx} &= (f_x)_x = 0 \\ f_{yy} &= (f_y)_y = 2xe^{y^2} + 4xy^2e^{y^2} \\ f_{xy} &= (f_x)_y = 2ye^{y^2} \\ f_{yx} &= (f_y)_x = 2ye^{y^2} \end{aligned}$$

이 된다. 위의 2차 편도함수들은 모두 연속함수로서 $f_{xy} = f_{yx}$임을 확인할 수 있다. □

연습문제 6.1

1. 다음 함수들의 각 변수에 관한 1차 편도함수를 구하라.
   (1) $f(x,y) = x^2 + 2y^2$
   (2) $g(x,y,z) = ze^{x^2+y}$
   (3) $h(x,y,z) = \ln(x^2 + y^2)$
   (4) $z = \dfrac{1}{x+y}$
   (5) $u(x_1, x_2, x_3, x_4) = x_1(x_2 + x_3 + x_4^2)$
   (6) $v(x,y,z) = (x+y+1)^3(x+2y+2)^7(z+1)$

2. 함수 $z = x^2 + 2y^2$에 대해 두 상수 $a = \dfrac{\partial z}{\partial x}(1,1)$와 $b = \dfrac{\partial z}{\partial y}(1,1)$ 값을 찾고, 평면 $z = ax + by + 2$의 의미를 설명하라.

3. 다음 함수들의 각 변수에 관한 2차 편도함수를 구하라.

(1) $f(x,y,z) = xy + yz + xz$
(2) $g(x,y,) = ze^{x+y}$
(3) $h(x,y,z) = \ln(x^2 + y^2)$

6.2 전미분

이 절에서는 전미분의 개념을 설명하고, 합성함수의 연쇄법칙 그리고 음함수 정리를 배운다.

6.2.1 전미분의 의미

미분계수는 변수의 변화에 대한 함수값의 변화의 비율로서 함수의 그래프 상에서 접선의 기울기를 의미한다. 만약 Δx와 Δy가 x와 y의 실제 변화량이라면 그래프의 기울기를 의미하는 $y' = \dfrac{dy}{dx}$에 의해

$$\Delta y = \left(\frac{dy}{dx}\right)\Delta x + \text{더 작은 오차}$$

가 된다. 여기에서 더 작은 오차는 다음을 만족한다.

$$\lim_{\Delta x \to 0} \frac{\text{더 작은 오차}}{\Delta x} = 0$$

극한을 통해 다음과 같이 표현된다.

$$dy = \left(\frac{dy}{dx}\right)dx$$

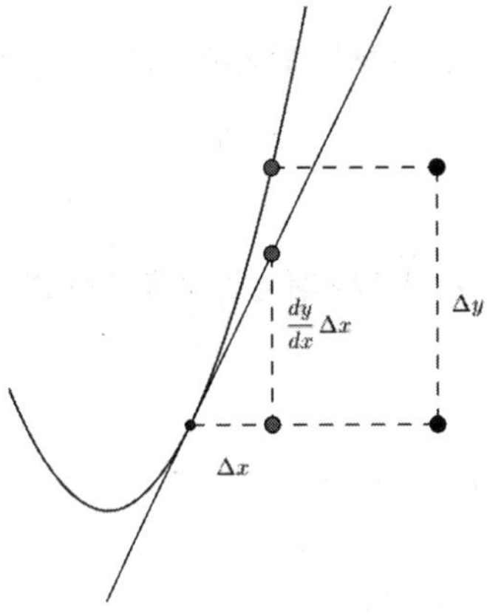

그림 6.1: Δy와 $\frac{dy}{dx}\Delta x$의 관계

편도함수의 의미를 설명하기 위해 햄버거 가격 함수를 생각해 보자. 햄버거 가격이 재료비, 인건비, 운반비에 영향을 받는다고 가정한다. 이때 편도함수는 햄버거 가격에 영향을 주는 요소 각각의 개별적인 영향력만을 보여준다. 다시말해, 재료값에 관한 편도함수란 오로지 재료값의 변화에 대한 햄버거 가격의 변화의 비율이며, 인건비, 운반비의 편도함수의 경우도

비슷하다. 즉, 한 가지의 독립변수가 함수값(햄버거 가격)에 어떤 영향을 주는지 알 수 있다. 수식으로 표현하면 아래와 같이 표현된다.

$$\Delta p = \frac{\partial p}{\partial s}\Delta s + \text{더 작은 오차}$$
$$\Delta p = \frac{\partial p}{\partial h}\Delta h + \text{더 작은 오차}$$
$$\Delta p = \frac{\partial p}{\partial t}\Delta t + \text{더 작은 오차}$$

여기에서 p는 가격, s는 재료비, h는 인건비, t 운반비이다.

만약 햄버거의 가격에 영향을 주는 재료값, 인건비, 운반비가 모두 동시에 변한다면 어떻게 될 것인가? 결론을 말하면, 위의 편미분으로 얻어진 것을 병렬로 연결하면 된다. 즉

$$\Delta p = \frac{\partial p}{\partial s}\Delta s + \frac{\partial p}{\partial h}\Delta h + \frac{\partial p}{\partial t}\Delta t + \text{더 작은 오차}$$

가 되고, 이 때

$$\lim_{\Delta s^2+\Delta h^2+\Delta t^2 \to 0} \frac{\text{더 작은 오차}}{\sqrt{\Delta s^2 + \Delta h^2 + \Delta t^2}} = 0$$

을 만족한다. 이것이 다변수 함수에 관한 전미분의 개념이고, 이러한 결과를 얻는 이유는 다변수 함수를 위한 연쇄법칙에서 확연히 나타난다.

예 6.5 함수 $f(x, y) = x^2 + y^2$의 그래프 상에 점 $(1, 1, f(1, 1))$에서의 접평면을 이용하여 $f(1.1, 1.2)$의 근사값을 추정해 보고, 실제 변화량 $\Delta f = f(1.1, 1.2) - f(1, 1)$과 접평면을 통해 얻어진 변화량의 차이를 확인하라.

| 풀이 | 함수 $f(x, y) = x^2 + y^2$의 그래프 위의 점 $(1, 1, f(1, 1))$에서 접평면의 방정식을

$$z(x, y) = ax + by + c$$

라고 하자. 접평면의 단면은 함수 f의 그래프의 단면에 접선이 되기 때문에

$$a = f_x(1, 1) = 2, \quad b = f_y(1, 1) = 2$$

임을 알 수 있다. 게다가 $z(1, 1) = f(1, 1) = 2$이므로 대입을 통해 $c = -2$를 얻고, 따라서 접평면은 다음과 같게 된다.

$$z(x, y) = 2x + 2y - 2$$

접평면의 z값은 f의 근사값으로 생각할 수 있다. 따라서 $(x, y) = (1.1, 1.2)$에서 f의 근사값은

$$z(1.1, 1.2) = 2(1.1) + 2(1.2) - 2 = 2.6$$

이 되고, 이에 따른 변화량은

$$\Delta z = \frac{\partial f}{\partial x}\Delta x + \frac{\partial f}{\partial y}\Delta y = z(1.1, 1.2) - z(1, 1) = 2.6 - 2 = 0.6$$

이다. 한편, 실제 변화량은

$$\Delta f = (1, 1, 1.2) - f(1, 2) = 0.65$$

이므로 오차는

$$\Delta f - \Delta z = 0.65 - 0.6 = 0.05$$

가 된다. □

위 예제를 고려하여 다음과 같이 다변수 함수의 전미분을 정의한다.

정의 6.3. 다변수함수 $y = f(x_1, x_2, \ldots, x_n)$의 전미분은

$$\begin{aligned} dy &= \frac{\partial y}{\partial x_1}dx_1 + \frac{\partial y}{\partial x_2}dx_2 + \cdots + \frac{\partial y}{\partial x_n}dx_n \\ &= f_{x_1}dx_1 + f_{x_2}dx_2 + \cdots + f_{x_n}dx_n \end{aligned}$$

으로 정의한다.

참고 6.3 단일 변수 x에 대한 함수 $y = f(x)$를 생각해 보자. 전미분의 정의에 의해

$$dy = \left(\frac{dy}{dx}\right)dx$$

인데 양변을 dx로 나누면

$$\frac{(dy)}{(dx)} = \left(\frac{dy}{dx}\right) = f'(x)$$

를 얻게 된다.

예 6.6 앞의 예제에서 사용한 함수 $f(x, y) = x^2 + y^2$을 전미분하라.

| **풀이** | 각 편도함수를 구하면

$$f_x = 2x, \quad f_y = 2y$$

이다. 따라서 함수 f의 전미분은

$$df = f_x dx + f_y dy = 2xdx + 2ydy$$

가 된다. □

예 6.7 함수 $g(x, y, z) = x^2 - xyz$를 전미분하라.

| 풀이 | 각 편도함수를 구하면

$$f_x = 2x - yz, \quad f_y = -xz, \quad f_z = -xy$$

이다. 따라서 함수 g의 전미분은

$$dg = f_x dx + f_y dy + f_z dz = (2x - yz)dx - xzdy - xydz$$

가 된다. □

6.2.2 다변수 함수를 위한 연쇄법칙

설명을 위해 이변수 함수 $z = f(x, y)$를 생각해 보자. 만약 x와 y가

$$x = x(t), \quad y = y(t)$$

와 같이 또 다른 변수 t에 관한 함수로 표현이 된다면 z 역시 단일 변수 t에 관한 함수

$$z(t) = f(x(t), y(t))$$

가 된다. 한편, 함수 z의 전미분은

$$dz = f_x dx + f_y dy$$

인데 양변을 dt로 나누면

$$\frac{dz}{dt} = f_x \frac{dx}{dt} + f_y \frac{dy}{dt}$$

가 된다. 따라서 참고 6.3에 의해 다음을 얻게 된다.

$$z'(t) = f_x x'(t) + f_y y'(t)$$

이렇게 전미분을 이용하여 구한 도함수 $\dfrac{dz}{dt}$를 전도함수라고 한다.

정리 6.2: 연쇄법칙

다변수 함수 $z = f(x_1, x_2, \ldots, x_n)$에 대해 다음이 성립한다.

(1) 만약 $x_1 = x_1(t),\ x_2 = x_2(t), \ldots,\ x_n = x_n(t)$라면

$$\frac{dz}{dt} = \frac{\partial f}{\partial x_1}\frac{dx_1}{dt} + \frac{\partial f}{\partial x_2}\frac{dx_2}{dt} + \cdots + \frac{\partial f}{\partial x_n}\frac{dx_n}{dt}$$

(2) 모든 $i = 1, \ldots, n$에 대하여 $x_i = x_i(y_1, \ldots, y_m)$ 이라면

$$\frac{\partial z}{\partial y_j} = \frac{\partial f}{\partial x_1}\frac{dx_1}{\partial y_j} + \frac{\partial f}{\partial x_2}\frac{\partial x_2}{\partial y_j} + \cdots + \frac{\partial f}{\partial x_n}\frac{\partial x_n}{\partial y_j} \quad (1 \le j \le m)$$

예 6.8 $z = f(x,y) = x^3 + y^2$이고 $y = e^x$일 때 도함수 $\dfrac{dz}{dx}$를 구하라.

| **풀이** | $y = e^x$를 $z = f(x,y)$의 y 자리에 대입해서 직접 도함수 $\dfrac{dz}{dx}$를 구할 수도 있지만 아래와 같이 전도함수를 이용해 본다.

$$\frac{dz}{dx} = f_x\frac{dx}{dx} + f_y\frac{dy}{dx} = 3x^2 \cdot 1 + 2y \cdot e^x = 3x^2 + 2e^{2x}$$

□

예 6.9 $z = f(x,y) = x^2 + y^3$이고 $x = t^2 + 1$, $y = 2t$일 때 도함수 $\dfrac{dz}{dt}$를 구하라.

| **풀이** | $x = t^2 + 1$와 $y = 2t$를 $z = f(x,y)$에 대입해서 직접 도함수 $\dfrac{dz}{dt}$를 구할 수도 있지만 아래와 같이 전도함수를 이용해 본다.

$$\begin{aligned}\frac{dz}{dt} &= f_x\frac{dx}{dt} + f_y\frac{dy}{dt} = 2x \cdot 2t + 3y^2 \cdot 2 \\ &= 4t(t^2+1) + 6(2t)^2 = 4t^3 + 24t^2 + 4t\end{aligned}$$

□

예 6.10 $z = f(x,y) = x^2 + y^2$이고 $x = st^2 + 1$, $y = t + s$일 때 편도함수 $\dfrac{\partial z}{\partial s}$를 구하여라.

| **풀이** | 전도함수를 이용해서 다음을 얻을 수 있다.

$$\frac{\partial z}{\partial s} = f_x\frac{\partial x}{\partial s} + f_y\frac{\partial y}{\partial s} = 2x \cdot t^2 + 2y \cdot 1 = 2(st^2+1)t^2 + 2(t+s)$$

□

6.2.3 음함수 정리

앞에서 배운 다변수 함수의 편미분의 성질을 이용하여 음함수 정리를 유도하고자 한다. 이를 위해 함수의 새로운 표현방식을 소개한다. 지금까지는 함수값을 구할 때 함수식 $y = f(x)$의 독립변수 x 자리에 값을 대입해서 종속되는 함수값 y를 바로 얻을 수 있었다. 이렇게 함수값이 드러나 있는 함수 형태를 양함수(explicit function)라고 한다. 이와 다르게 종속변수 y의 값이 방정식 안에 숨어 있는 경우가 있다. 예를 들어 $y^4 + 2yx^2 = 2$인 경우, 변수 x에 의해 결정되는 종속 변수 y를 얻기 위해 우리는 추가로 방정식을 풀어야 한다. 이렇게 독립변수와 종속변수가 명확하지 않고 포괄적으로 나타난 함수를 음함수(implicit function)라고 한다.

일반적으로 변수가 두 개인 음함수는

$$F(x,y)=0$$

으로 나타낸다. $\dfrac{dy}{dx}$를 구하기 위해 y를 x에 관한 함수로 보고 연쇄법칙을 적용하면

$$0=\frac{dF}{dx}=F_x\frac{dx}{dx}+F_y\frac{dy}{dx}=F_x+F_y\frac{dy}{dx}$$

가 되고, 따라서 다음의 결과를 얻게 된다.

정리 6.3: 음함수 정리

$F(x,y)$가 $F(x,y)=0$인 어떤 점에서 편미분 가능하고 $F_y\neq 0$이라고 하자. 그러면 그 점에서 음함수 $F(x,y)=0$은

$$\frac{dy}{dx}=-\frac{F_x}{F_y}$$

를 만족한다.

예 6.11 함수 $y=x^3+x$의 도함수를 직접 구하고, 이것을 음함수 정리를 통해서 구한 도함수와 비교하라.

|풀이| 일변수 함수의 미분공식에 의해 $\dfrac{dy}{dx}=3x^2+1$이다. 한편, 음함수 정리를 이용하기 위해 함수의 모양을 바꾸면

$$F(x,y)=x^3+x-y=0$$

이다. 여기에 음함수 정리를 적용하면

$$\frac{dy}{dx}=-\frac{F_x}{F_y}=-\frac{3x^2+1}{-1}=3x^2+1$$

을 얻고, 이것은 앞에서 구한 도함수와 일치한다. □

예 6.12 xy 평면상에 식 $x^3+2xy=-y^2+4$가 나타내는 그래프를 생각하자. 그래프 위의 점 $(1,1)$에서 이 그래프에 대한 접선을 구하라.

|풀이| $F(x,y)=x^3+2xy+y^2-4=0$에 음함수 정리를 적용하면

$$\frac{dy}{dx}=-\frac{3x^2+2y}{2x+2y}$$

를 얻는다. 따라서 그래프 위의 점 $(1,1)$에서 접선의 기울기는 $-\frac{5}{4}$가 되고 접선은

$$y-1=-\frac{5}{4}(x-1)$$

이 된다. 정리하면

$$y = -\frac{5}{4}x + \frac{9}{4}$$

이다. □

사실상 같은 방법으로 음함수 $F(x, y) = 0$에 관한 2차 이상의 고차 도함수도 구할 수 있다. 앞서 얻었던 식

$$0 = F_x + F_y \frac{dy}{dx}$$

에 연쇄법칙을 한 번 더 적용하면

$$0 = F_{xx} + 2F_{xy}\frac{dy}{dx} + F_{yy}\left(\frac{dy}{dx}\right)^2 + F_y \frac{d^2y}{dx^2}$$

을 얻고 이를 정리하면 다음과 같다.

$$\frac{d^2y}{dx^2} = -\frac{F_{xx} + 2F_{xy}\frac{dy}{dx} + F_{yy}\left(\frac{dy}{dx}\right)^2}{F_y}$$

하지만 이 공식은 복잡하기 때문에 암기하는 것보다 y와 $\frac{dy}{dx}$를 x에 대한 식으로 보고 주어진 식 $F(x, y) = 0$을 연속적으로 두 번 미분하여 구하는 것이 좋다.

예 6.13 방정식 $x^3 + 2xy = -y^2 + 4$를 만족하는 점 $(1, 1)$에서 $\frac{d^2y}{dx^2}$ 값을 구하라.

| **풀이** | y를 x에 관한 함수 $y(x)$로 생각하면 주어진 식은

$$x^3 + 2xy(x) = -y(x)^2 + 4$$

가 된다. 이 식을 x에 대해 미분하면

$$3x^2 + 2y + 2xy' = -2yy' \tag{6.2}$$

이다. 한번 더 x에 대해 미분을 하면

$$6x + 2y' + 2y' + 2xy'' = -2(y')^2 - 2yy''$$

을 얻는다. 이 식을 y''으로 정리하면

$$y''(2x + 2y) = -6x - 4y' - 2(y')^2 \tag{6.3}$$

이다. 이제 식 (6.2)에 점 $(x, y) = (1, 1)$을 대입하면 $y' = -\frac{5}{4}$를 얻고, 다시 식 (6.3)으로부터

$$y'' = \frac{1}{4}\left(-6 + 5 - \frac{25}{8}\right) = -\frac{33}{32}$$

을 찾게 된다. □

이제 보다 많은 변수가 있는 경우를 생각해 보자.

정리 6.4: 음함수 정리

다변수 음함수 $F(y, x_1, x_2, \ldots, x_n) = 0$을 생각하자. 만약 어떤 점 근방에서

$$y = f(x_1, x_2, \ldots, x_n)$$

으로 표현되고 이것이 미분 가능하며, $F_y \neq 0$이라면 그 점에서

$$\frac{\partial y}{\partial x_i} = -\frac{F_{x_i}}{F_y}$$

이 성립한다.

또한 2차 이상의 고차 도함수도 같은 방법으로 구할 수 있다.

예 6.14 음함수 $e^x z + xy = y^2 - 2$에서 $\frac{\partial z}{\partial x}$와 $\frac{\partial^2 z}{\partial x^2}$을 구하라.

| **풀이** | 식 $F = e^x z + xy - y^2 + 2 = 0$에 음함수 정리를 적용하면

$$\frac{\partial z}{\partial x} = -\frac{F_x}{F_z} = -\frac{e^x z + y}{e^z}$$

을 찾는다. 혹은, z를 $z(x, y)$로 생각하여 식

$$e^x z(x, y) + xy = y^2 - 2$$

를 x로 편미분하면

$$e^x \frac{\partial z}{\partial x}(x, y) + y = 0$$

을 얻는다. 한 번 더 x로 편미분하면

$$e^x \frac{\partial z}{\partial x} + e^x \frac{\partial^2 z}{\partial x^2} = 0$$

이 되고, 이를 정리하면

$$\frac{\partial^2 z}{\partial x^2} = -\frac{\partial z}{\partial x} = \frac{e^x z + y}{e^z}$$

를 얻는다. □

연습문제 6.2

1. 다음 함수들의 전미분을 구하라.
   (1) $f(x, y) = x^2 + y^2$
   (2) $g(x, y, z) = e^{x+2y}$
   (3) $z = \dfrac{1}{x^2 + y}$
   (4) $h(x, y, z) = z \ln(xy)$

2. 다음 함수들의 전도함수를 구하라.
   (1) $z = xy^2,\ x = t^2,\ y = t + 1$
   (2) $z = e^{p+2q},\ p = t^2,\ q = 3t$
   (3) $z = \dfrac{y}{x},\ x = t^2 + 1,\ y = 2t$

3. 다음 음함수들의 x에 관한 도함수와 2차 도함수를 구하라.
   (1) $x^2y + 2xy^2 = 1$
   (2) $x^3 + 2xy = y^2 + 2$
   (3) $y(x + 1) = x - 1$

6.3 종합문제

1. 다음 이변수 함수들의 1차 편도함수를 구하라.
   (1) $f(x,y) = xy^2$
   (2) $g(x,y) = \sqrt{x^2+y^2}$
   (3) $h(x,y) = y$
   (4) $m(s,t) = e^s(s-t^2)^2$

2. 다음 삼변수 함수들의 1차 편도함수를 구하라.
   (1) $f(x,y,z) = 1+y^2$
   (2) $g(x,y,z) = z\sqrt{x^2+y^2}$

3. 함수

$$f(x,y) = \ln(x^2+y^2+1)$$

   에 관하여

$$f_{xy} = f_{yx}$$

   가 성립함을 확인하라.

4. 다음 함수들의 전미분을 구하라.
   (1) $f(x,y) = \dfrac{1}{x^2+y^2}$
   (2) $g(x,y,z) = e^{x^2}(y+1)$

5. 다음 함수들의 전도함수를 구하라.
   (1) $w = xy+z,\ x=t^2,\ y=t+1,\ z=4t$
   (2) $z = e^{pq},\ p=2t+1, q=3t^2$

6. 다음 방정식을 만족하는 점 $(-1,1)$에서 y의 x에 관한 미분와 2차 미분 그리고 방정식이 나타내는 그래프의 접선을 구하라.

$$x^3 - 2xy = e^{(y-1)}$$

Chapter 7

극댓값과 극솟값

주어진 범위에서 함수의 최댓값과 최솟값을 찾는 것은 다양한 분야와 관련이 있다. 예를 들어, 기업의 입장에서는 주어진 환경에서 이윤을 극대화하거나 비용을 최소화하려고 할 것이다. 기업이 운용가능한 비용의 범위가 함수의 정의역이 되고, 이윤은 함수값으로 생각할 수 있으며, 원하는 최대의 이윤을 낼 조건을 찾는 것은 함수가 최댓값을 가지는 지점을 찾는 것에 대응할 것이다. 이러한 응용 가능성은 자연과학, 공학 등 다양한 분야에서 찾을 수 있다.

최댓값과 최솟값을 찾는 것은 두 가지 단계로 구성되어 있다. 첫 번째 단계는 주어진 범위 내에서 지협적으로 높거나 낮은 값을 가지는 극댓값과 극솟값을 찾는 것이고, 두 번째 단계는 경계에서 함숫값과 비교하여 전체적인 최솟값과 최솟값을 찾는 것이다. 이 장에서는 함수의 극댓값과 극솟값을 찾는 방법을 주로 공부한다. 우리는 먼저 일변수 함수의 극대와 극소를 공부하고, 그 다음으로 다변수 함수의 경우를 다루게 된다.

7.1 일변수 함수의 극댓값과 극솟값

최댓값과 최솟값을 찾는 과정에서 필요한 개념을 설명하기 위해 구간 $[-1, 2]$에서 정의된 함수 $f(x) = x^2$을 생각해 본다. 간단한 함수이므로 그래프를 그려보면 함수 f는 $x = 0$에서 최솟값 $f(0) = 0$을 가지고, 구간의 경계점인 $x = -1$과 $x = 2$ 중 $x = 2$에서 최댓값 4를 가진다는 것을 쉽게 알 수 있다. 엄밀히 말해, 두 점에서 최솟값과 최댓값을 가진다는 것은 임의의 $x \in [-1, 2]$에 대해

$$f(0) \le f(x) \le f(2)$$

가 성립함을 의미한다. 즉, 최솟값은 함수가 정의되는 범위에 있는 모든 점에서의 값보다 작거나 같고, 최댓값은 크거나 같다.

정의와 다르게 최댓값과 최솟값을 찾기 위해 모든 점에서의 값을 하나 하나 다 비교하지는 않는다. 구간내의 점들은 무수히 많다. 권투의 경우에도 세계챔피언은 세상에 모든 선수와

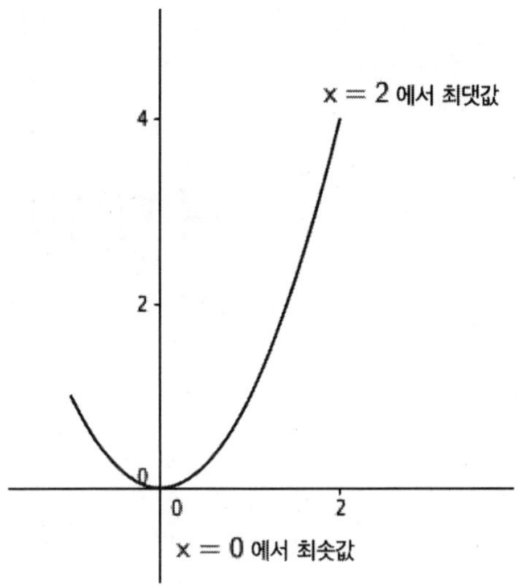

그림 7.1: $x = 0$에서 최솟값과 극솟값을 가지고, 경계인 $x = 2$에서 최댓값을 가진다.

경기를 하지 않고, 아시아 챔피언, 유럽 챔피언 등 지역 챔피언과 대결을 한다. 마찬가지로 나름의 지역에서 챔피언에 해당하는 극댓값(local maxima)과 극솟값(local mimima), 그리고 최대 또는 최솟값을 가질 수도 있는 경계점의 값을 비교하여 최댓값(global maximum)과 최솟값(global minimum)을 찾을 수 있다. 구간 $[-1, 2]$에서 정의된 함수 $f(x) = x^2$의 최댓값과 최솟값을 찾기 위해서는 지역 챔피언인 $f(0)$과 경계값인 $f(-1)$과 $f(2)$를 비교하면 되는 것이다.

이 장에서는 가장 기본적인 일변수 함수들에 위의 개념과 방법을 적용해 보고, 필요한 성질을 공부려고 한다. 하지만 아래의 최댓값과 최솟값의 정의는 변수의 갯수와 상관없이 항상 적용이 가능하다.

정의 7.1. 집합 A에서 정의되고 실수값을 가지는 함수 $f : A \to \mathbb{R}$의 최댓값과 최솟값은 다음과 같이 정의한다.

(1) 어떤 원소 $a \in A$가 존재해서 집합 A의 모든 원소 x에 대해

$$f(x) \leq f(a)$$

가 성립한다면 함수 f는 a에서 최댓값(global maximum) $f(a)$를 가진다고 한다.

(2) 어떤 원소 $b \in A$가 존재해서 집합 A의 모든 원소 x에 대해

$$f(x) \geq f(b)$$

가 성립한다면 함수 f는 b에서 최솟값(global minimum) $f(b)$를 가진다고 한다.

주어진 함수의 최댓값이나 최솟값이 항상 존재하는 것은 아니다. 그리고 A가 실수의 부분 집합일 때 뿐만 아니라 일반적인 집합일 때도 같은 정의를 사용한다. 이 두 가지 점을 유념한다. 아래의 예제를 한번 살펴보자.

예 7.1 구간 $[-1,2)$에서 정의된 함수 $f(x) = x^2$을 생각해 보자. 앞서 설명한 예와 비슷하지만, $x = 2$가 구간에 포함되어 있지 않기 때문에 함수값의 범위가 $0 \le f(x) < 4$가 된다. 따라서 함수 f는 최댓값을 가지지 않는다.

이제, 나름의 지역 챔피언에 해당하는 극댓값과 극솟값을 정의하자. 극대 혹은 극솟값이 되려면 두 가지가 필요한데, 첫 번째는 지역이고, 두 번째는 그 지역에서 최대 혹은 최솟값이어야 한다는 것이다.

정의 7.2. 실수의 부분집합 A에서 정의되고 실수값을 가지는 함수 $f : A \to \mathbb{R}$에 대해 생각하자.

(1) 함수 f가 점 $a \in A$에서 극댓값(local 혹은 relative maximum) $f(a)$를 가진다는 의미는 다음과 같다: 점 a를 포함한 어떤 개구간 $(\alpha, \beta) \subset A$가 존재해서 이 개구간에 한해서 함수 f는 점 a에서 최댓값을 가진다. 즉, 모든 $x \in (\alpha, \beta)$에 대해

$$f(x) \le f(a)$$

가 성립한다.

(2) 함수 f가 점 $b \in A$에서 극솟값(local 혹은 relatvie minimum) $f(b)$를 가진다는 의미는 다음과 같다: 점 b를 포함한 어떤 개구간 $(\alpha', \beta') \subset A$가 존재해서 이 개구간에 한해서 함수 f는 점 b에서 최솟값을 가진다. 즉, 모든 $x \in (\alpha', \beta')$에 대해

$$f(x) \ge f(b)$$

가 성립한다.

극댓값과 극솟값을 합하여 극값(extrema)이라고 부른다.

예 7.2 그림 7.2는 구간 $[0, 3\pi]$를 정의역으로 하는 함수 $g(x) = \cos x$의 그래프이다. 함수 g는 $x = \pi$에서 최솟값과 극솟값을 가지고, $x = 2\pi$에서 최댓값과 극댓값을 가진다는 것을 알 수 있다.

그렇다면 극값들은 어떻게 찾을 수가 있을까? 보통 미분을 이용하는데 함수가 어떤 점에서 극값을 가지고 그 점에서 미분가능하다면 미분계수는 0이 된다. 안타깝게도 미분계수가 0이 된다고 해서 반드시 그 점에서 극값을 가지는 것은 아니다. 하지만 우리가 사용하는 대부분의 함수는 미분값이 0되는 경우가 많지 않기 때문에 다음의 정리는 상당히 쓸모가 있다.

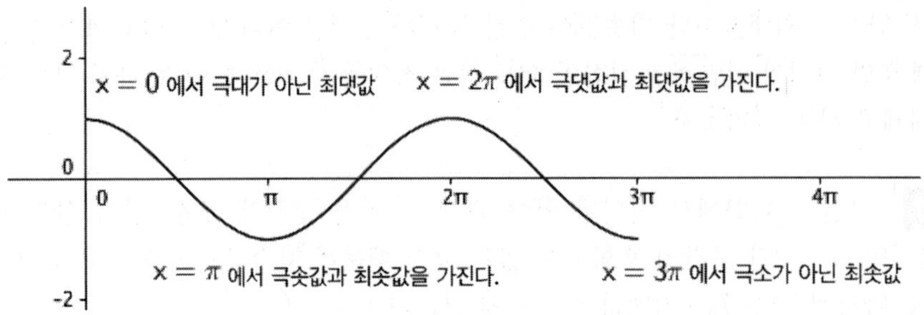

그림 7.2: $[0, 3\pi]$로 범위를 제한한 $g(x) = \cos x$ 함수

정리 7.1: 극값을 가질 필요조건

실수의 부분집합 A에서 정의된 함수 $f : A \to \mathbb{R}$을 생각하자. 만약 어떤 점 $a \in A$에서 함수 f가 극값을 가지며 미분도 가능하다면

$$f'(a) = 0$$

이 성립한다.

| 증명 | 함수 f가 점 a에서 극댓값을 가진다고 가정하자. 그러면 극댓값의 정의에 의해 점 a를 포함하는 적당한 개구간 $(\alpha, \beta) \subset A$가 있어서 구간내 모든 점 x에 대해

$$f(x) - f(a) \le 0 \tag{7.1}$$

이 성립한다. 한편, f는 점 a에서 미분 가능하기 때문에 좌극한과 우극한은 같게 된다. 즉

$$f'(a) = \lim_{x \to a^-} \frac{f(x) - f(a)}{x - a} = \lim_{x \to a^+} \frac{f(x) - f(a)}{x - a}$$

가 되는데, (7.1)을 이용하면

$$0 \le \lim_{x \to a^-} \frac{f(x) - f(a)}{x - a} = f'(a) = \lim_{x \to a^+} \frac{f(x) - f(a)}{x - a} \le 0$$

을 유도할 수 있다. 따라서 $f'(a) = 0$을 얻게 된다.

함수 f가 점 a에서 극소값을 가지는 경우도 비슷하게 증명할 수 있다. □

다음 예를 통해 위 정리의 역은 성립하지 않음을 보인다.

예 7.3 실수 전체에서 정의된 함수 $f(x) = x^3$을 생각해 보자. $x = 0$에서 이 함수의 미분값은

$$f'(0) = 0$$

임을 쉽게 알 수 있다. 한편 그래프를 그려보면 f는 함숫값이 머물지 않고 계속 증가하는 증가함수임을 관찰할 수 있고, 따라서 $f(0) = 0$은 극댓값, 극솟값 중 어느 것도 될 수 없음을 알 수 있다.

엄밀히 하자면 $x = 0$을 포함하는 어떠한 개구간 (α, β)에서도 $f(0)$이 최댓값 및 최솟값이 아님을 증명해야 한다. 사실

$$\alpha < \frac{\alpha}{2} < 0 < \frac{\beta}{2} < \beta$$

이므로 $\frac{\alpha}{2}, \frac{\beta}{2} \in (\alpha, \beta)$이고

$$f\left(\frac{\alpha}{2}\right) < 0 < f\left(\frac{\beta}{2}\right)$$

임을 알 수 있다. 따라서 $f(0) = 0$은 최댓값 및 최솟값 중 어느 것도 아니게 된다.

앞의 예제에 의하면 어떤 점에서 함수의 미분계수가 0이라는 사실이 그 점에서 함수가 극값을 가진다는 것을 보장하지는 않는다. 그래도 다행인 것은 함수의 정의역 안에는 극값을 가지며 동시에 미분계수가 0인 점이 보통의 경우 무한히 많지 않다는 것이다. 즉, 미분계수는 0이지만 극값을 가지지 않는 점을 걸러내는데 아주 많은 노력은 들지 않는다는 것이다.

극값을 가지는 점을 찾는데 활용하는 정리 7.1의 부족한 점을 보완하기 위해서 임계점이란 새로운 개념을 소개한다.

정의 7.3. 실수의 부분집합 A에서 정의된 함수 $f : A \to \mathbb{R}$을 생각하자. 어떤 점 $a \in A$에 대해 다음 두 성질이 성립할 때, 그 점 a를 함수 f의 임계점(critical point)이라고 부른다.
(1) 점 a를 포함하는 개구간 $(\alpha, \beta) \subset A$가 존재한다.
(2) 점 a에서 함수 f가 미분이 불가능하거나, 혹은 미분이 가능하다면 $f'(a) = 0$이다.

예 7.4 실수 전체에서 정의된 함수 $f(x) = |\sin x|$를 생각해보자. 그림 7.3에서 관찰할 수 있듯이 함수 f는 $x = \left(n + \frac{1}{2}\right)\pi$에서 미분계수가 0인 임계점을 가지고, $x = n\pi$에서 미분이 안되는 임계점을 가진다. 여기서 n은 임의의 정수이다.

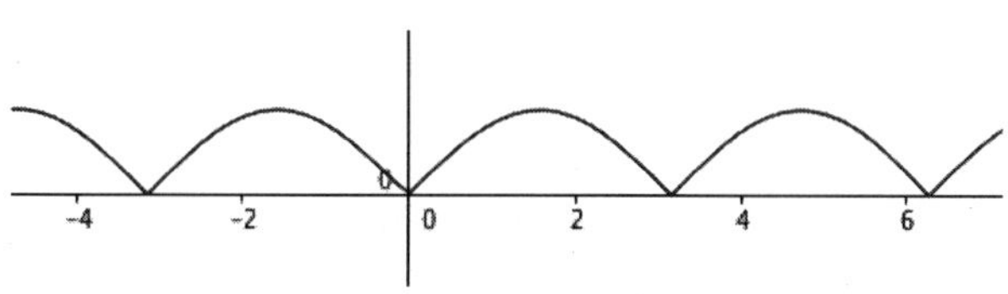

그림 7.3: 함수 $|\sin x|$의 그래프

따라서 우리는 함수의 최댓값과 최솟값을 찾기 위해 임계점에서의 함수값과 경계에서의

함수값을 비교하면 된다. 다음의 예를 살펴보자.

예 7.5 구간 $[-2, 3]$에서 정의된 함수 $f(x) = x^3 - \frac{3}{2}x^2 - 6x + 1$의 최댓값과 최솟값을 찾아라.

|증명| 먼저 함수 f의 임계점을 찾는다. 함수 f는 (경계점을 제외한) 모든 점에서 미분이 잘 정의되어 있으므로

$$f'(x) = 3x^2 - 3x - 6 = 3(x+1)(x-2) = 0$$

을 만족하는 점

$$x = -1, \; x = 2$$

가 임계점이 된다.

이제 극값을 찾기 위해 경계에서의 값까지 고려하여 함수값

$$f(-1) = \frac{9}{2}, \; f(2) = -9, \; f(-2) = -1, \; f(3) = -\frac{7}{2}$$

을 비교하면 이들 중에 제일 큰 값인 $\frac{9}{2}$가 최댓값이고, 제일 작은 값인 -9가 최솟값임을 알 수 있다. □

이번에는 함수가 어떤 점에서 극값을 가질 충분조건을 하나 소개하고자 한다. 모든 경우에 적용 가능하지는 않지만, 많은 경우에 있어 매우 유용하게 사용할 수 있다.

정리 7.2: 극값을 가질 충분조건

실수의 부분집합 A에서 정의된 함수 $f : A \to \mathbb{R}$을 생각하자. 점 $a \in A$가 함수의 임계점이고, 그 점에서 함수가 두 번 미분가능하다고 할 때 다음이 성립한다.

(1) 만약

$$f''(a) > 0$$

이면 함수 f는 임계점 a에서 극솟값을 가진다.

(2) 만약

$$f''(a) < 0$$

이면 함수 f는 임계점 a에서 극댓값을 가진다.

(3) 만약

$$f''(a) = 0$$

이면 함수 f는 임계점 a에서 극값을 가질 수도, 혹은 못 가질 수도 있다.

정리의 원리는 간단하다. 임계점 a에서 $f''(a) > 0$이라는 것은 f'이 증가한다는 뜻이며, 게다가 $f'(a) = 0$이므로 f의 그래프는 아래로 볼록한 형태가 된다. 즉, 임계점 a에서 함수 f

는 극솟값을 가지게 된다. 비슷하게 임계점 a에서 $f''(a) < 0$이라면 f의 그래프는 위로 볼록한 형태가 되고, 그 점에서 f는 극댓값을 가지게 된다.

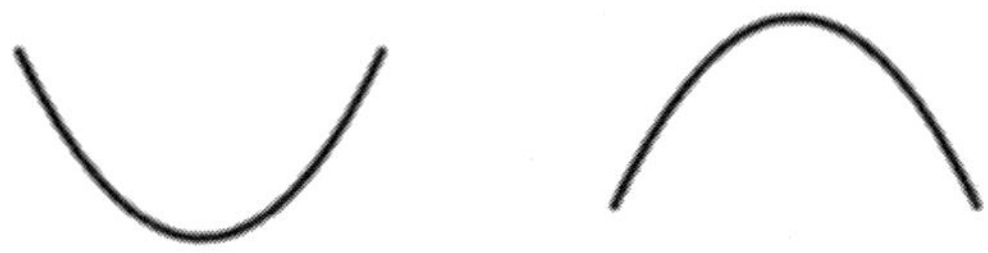

그림 7.4: $f''(a) > 0$인 경우와 $f''(a) < 0$인 경우

예 7.6 실수 전체에서 정의된 함수 $f(x) = x^3 - \frac{3}{2}x^2 - 6x + 1$의 극댓값과 극솟값을 찾고, 최댓값과 최솟값에 관하여도 논하라.

| 풀이 | 정의역이 다르기는 하지만 앞선 예제의 함수이고

$$f'(x) = 3x^2 - 3x - 6 = 3(x+1)(x-2) = 0$$

을 만족하는 점 $x = -1$과 $x = 2$가 f의 임계점이 된다. f를 두 번 미분하면

$$f''(x) = 6x - 3$$

인데, $f''(-1) = -9 < 0$이므로 f는 $x = -1$에서 극댓값 $f(-1) = \frac{9}{2}$를 가지고, $f''(2) = 9 > 0$이므로 f는 $x = 2$에서 극솟값 $f(2) = -9$를 가진다.

함수 f는 실수 전체에서 정의되어 있고

$$\lim_{x\to\infty} f(x) = \infty, \quad \lim_{x\to-\infty} f(x) = -\infty$$

를 만족한다. 이것은 f는 얼마든지 큰 수를 만들 수도 있고, 얼마든지 작은 수를 만들 수도 있다는 것을 의미한다. 따라서 f는 극댓값과 극솟값은 가지지만, 최솟값과 최솟값은 가지고 있지 않다. □

예 7.7 실수 전체에서 정의된 세 함수

$$f(x) = x^4, \quad g(x) = -x^4, \quad h(x) = x^3$$

은 모두 $x = 0$을 임계점으로 가지고 있고, 그 점에서 2차 미분계수가 0이다. 정리 7.2를 적용할 수 없으므로 함수의 그래프를 통해 $x = 0$에서 f는 극솟값을 가지고, g는 극댓값을 가지지만, h는 극값을 가지지 않음을 관찰할 수 있다.

주어진 임계점에서 함수가 극값을 가지지 않는 경우, 그 임계점을 안장점(saddle point)이라고 부른다. 이러한 이름은 그래프가 말안장 모양으로 생긴 이변수 함수는 안장 한가운데에서 임계점을 가지지만 극값은 가지지 못하는 데에서 유래되었다.

연습문제 7.1

1. 다음 함수의 극값을 찾아라.
   (1) $f(x) = x^3 + 3x^2 - 9x$
   (2) $g(x) = \sqrt{x^2 + x + 1}$
   (3) $h(x) = \dfrac{1}{1 + x^2}$
   (4) $m(s) = e^{-s^2-1}$

2. 다음 함수의 최댓값과 최솟값을 찾아라.
   (1) $[-1, 1]$에서 $f(x) = x^4 + x^2$
   (2) $(-3, 3)$에서 $g(x) = x^2 + 4x$
   (3) $[0, 1]$에서 $h(x) = \dfrac{1}{1 + x}$

7.2 다변수 함수의 극댓값과 극솟값

이 절에서는 앞에서 공부한 일변수 함수에서 최댓값과 최솟값을 찾는 과정을 다변수 함수로 확장한다. 최댓값과 최솟값은 앞 절의 정의 7.1을 그대로 사용한다. 마찬가지로 극댓값과 극솟값의 개념과 임계점의 개념을 사용한다.

7.2.1 이변수 함수의 극값

먼저 우리는 이변수 함수의 경우를 생각해 보자.

정의 7.4. 좌표평면 $\mathbb{R}^2$의 부분집합인 A에서 정의되고 실수값을 가지는 함수 $f : A \to \mathbb{R}$을 생각하자.

(1) 함수 f가 점 $(a_1, a_2) \in A$에서 극댓값(local 혹은 relative maximum) $f(a_1, a_2)$를 가진다는 의미는 다음과 같다: 어떠한 양의 실수 $r_1 > 0$이 존재하여 반지름이 r_1이고 중심이 점 (a_1, a_2)인 원형의 영역이 정의역 A의 부분집합이 된다. 즉

$$\left\{(x, y) \mid (x - a_1)^2 + (y - a_2)^2 < r_1^2\right\} \subset A$$

가 된다. 그리고 이 원형의 영역에 한해서 f는 점 (a_1, a_2)에서 최댓값을 가진다. 즉,

점 (x, y)가 $(x - a_1)^2 + (y - a_2)^2 < r_1^2$을 만족하면

$$f(x, y) \leq f(a_1, a_2)$$

가 성립한다.

(2) 함수 f가 점 (b_1, b_2)에서 극솟값(local 혹은 relatvie minimum) $f(b_1, b_2)$를 가진다는 의미는 다음과 같다: 어떠한 양의 실수 $r_2 > 0$이 존재하여 반지름이 r_2이고 중심이 점 (b_1, b_2)인 원형의 영역이 정의역 A의 부분집합이 된다. 즉

$$\left\{(x, y) \mid (x - b_1)^2 + (y - b_2)^2 < r_2^2\right\} \subset A$$

가 된다. 그리고 이 원형의 영역에 한해서 f는 점 (b_1, b_2)에서 최솟값을 가진다. 즉, 점 (x, y)가 $(x - b_1)^2 + (y - b_2)^2 < r_2^2$을 만족하면

$$f(x, y) \geq f(b_1, b_2)$$

가 성립한다.

극댓값과 극솟값을 합하여 극값(extrema)이라고 부른다.

일변수 함수의 경우와 같이 결국은 극값과 경계점에서의 함수값을 비교하여 최댓값과 최솟값을 구하는 것이 우리의 계획이다. 하지만 경계가 몇 개의 점으로 주어지는 일변수 함수의 경우와는 다르게, 이변수 함수의 경우는 경계가 곡선과 같은 무수한 점으로 구성되기 때문에 좀 더 복잡한 과정을 거쳐야 한다. 이에 대해서는 다음 장에서 논의하기로 한다.

예 7.8 원형의 영역 $\left\{(x, y) \mid (x - \sqrt{2})^2 + (y - \sqrt{2})^2 \leq 8\right\}$에서 정의된 함수 $f(x, y) = x^2 + y^2$을 생각하자. 이 때, 함수값 $f(x, y)$는 원점으로부터 점 (x, y)까지의 거리의 제곱임을 주목하자. 따라서 최솟값은 영역 내의 극솟값에 해당하는 $f(0, 0) = 0$이고, 최댓값은 원점으로부터 가장 거리가 먼 점 $(2 + \sqrt{2}, 2 + \sqrt{2})$까지의 거리의 제곱인 $f(2 + \sqrt{2}, 2 + \sqrt{2}) = 12 + 8\sqrt{2}$가 된다.

정리 7.3: 극값을 가질 필요조건

이변수 함수 f가 정의역 A의 점 (a_1, a_2)에서 극댓값 혹은 극솟값을 가지고, 그 점에서 편미분이 가능하다면

$$f_x(a_1, a_2) = f_y(a_1, a_2) = 0$$

이 성립한다.

| 증명 | 함수 f가 점 (a_1, a_2)에서 극댓값을 가진다고 가정하자. 만약 y를 a_2로 고정하면 $f(x, a_2)$

는 x에 관한 일변수 함수가 되고, $x = a_1$에서 극댓값을 가진다. 따라서

$$f_x(a_1, a_2) = 0$$

이 된다. 마찬가지 방법으로 x를 a_1으로 고정하면 $f(a_1, y)$는 y에 관한 일변수 함수가 되고, $y = a_2$에서 극댓값을 가진다. 따라서

$$f_y(a_1, a_2) = 0$$

을 얻을 수 있다.

함수 f가 점 (a_1, a_2)에서 극솟값을 가질 때도 비슷하게 증명할 수 있다. □

일변수 함수의 경우에서와 같이, 어떤 점에서 함수가 극값을 가지면 편미분계수가 0이 되지만, 1차 편미분계수가 0이라고 해서 그 점에서 반드시 극값을 가지는 것은 아니다. 그래서 아래와 같이 임계점을 정의하고, 임계점에서의 함수값과 경계에서의 함수값을 비교하여 최댓값과 최솟값을 찾는다.

정의 7.5. 좌표평면 $\mathbb{R}^2$의 부분집합인 A를 정의역으로 하는 이변수 함수 $f : A \to \mathbb{R}$을 생각하자. 어떤 점 $(a_1, a_2) \in A$에 대해 다음 두 가지 성질이 성립할 때, 그 점 (a_1, a_2)를 함수 f의 임계점(critical point)이라고 부른다.
(a) 점 (a_1, a_2)를 중심으로 하는 작은 원형의 영역이 정의역 A에 포함된다.
(b) 점 (a_1, a_2)에서 함수 f가 1차 편미분이 불가능하거나, 혹은 편미분이 가능하다면

$$f_x(a_1, a_2) = f_y(a_1, a_2) = 0$$

이다.

예 7.9 좌표평면 $\mathbb{R}^2$ 전체에서 정의된 함수 $f(x, y) = x^4 - 3xy + \frac{3}{2}y^2 - y$의 임계점을 모두 찾아라.

| 풀이 | 함수 f는 모든 점에서 미분이 가능하므로 두 식

$$f_x(x, y) = 4x^3 - 3y = 0, \quad f_y(x, y) = -3x + 3y - 1 = 0$$

을 동시에 만족하는 점이 임계점이다. 두 식을 더하면

$$4x^3 - 3x - 1 = (2x + 1)^2(x - 1) = 0$$

이므로 $x = -\frac{1}{2}$, 1을 얻는다. 이를 각각 $f_y(x, y) = 0$에 대입해서 $y = -\frac{1}{6}$, $\frac{4}{3}$를 찾는다. 따라서 f의 임계점은 $(-\frac{1}{2}, -\frac{1}{6})$과 $(1, \frac{4}{3})$가 된다. □

이제 이변수 함수의 경우 극댓값과 극솟값을 구분하는 방법에 대해 생각해 보자. 일변수 함수의 경우와 마찬가지로 2차 편미분을 사용한다. 만약 임계점 (a_1, a_2)에서 함수 f가 2차 편미분이 가능하다고 하면 f를 2차식으로 접근할 수 있어서

$$\begin{aligned} f(x,y) =& \alpha_0 + \alpha_1(x-a_1) + \alpha_2(y-a_2) \\ &+ \frac{1}{2}\alpha(x-a_1)^2 + \beta(x-a_1)(y-a_2) + \frac{1}{2}\gamma(y-a_2)^2 + \text{오차} \end{aligned}$$

가 성립한다. 여기에서

$$\lim_{(x,y)\to(a_1,a_2)} \frac{\text{오차}}{(x-a_1)^2 + (y-a_2)^2} = 0$$

이 되고, 상수는

$$\begin{aligned} &\alpha_0 = f(a_1,a_2),\ \alpha_1 = f_x(a_1,a_2),\ \alpha_2 = f_y(a_1,a_2) \\ &\alpha = f_{xx}(a_1,a_2),\ \beta = f_{xy}(a_1,a_2),\ \gamma = f_{yy}(a_1,a_2) \end{aligned}$$

로 결정된다. 한편 (a_1, a_2)는 임계점이므로 $\alpha_1 = \alpha_2 = 0$이고, 따라서

$$f(x,y) = \alpha_0 + \frac{1}{2}\alpha(x-a_1)^2 + \beta(x-a_1)(y-a_2) + \frac{1}{2}\gamma(y-a_2)^2 + \text{오차} \tag{7.2}$$

를 얻는다.

예 7.10 2차 다항함수

$$g(x,y) = \alpha_0 + \frac{1}{2}\alpha x^2 + \beta xy + \frac{1}{2}\gamma y^2$$

은 원점 $(0,0)$에서 임계점을 가지고, 다음의 성질을 만족한다.
(1) 만약 $\alpha > 0$이고 $\alpha\gamma - \beta^2 > 0$이면, 원점 $(0,0)$에서 극솟값을 가진다.
(2) 만약 $\alpha < 0$이고 $\alpha\gamma - \beta^2 > 0$이면, 원점 $(0,0)$에서 극댓값을 가진다.
(3) 만약 $\alpha\gamma - \beta^2 < 0$이면, 원점 $(0,0)$에서 극값을 가지지 않는다.

식 (7.2)에서 오차는 $(x-a_1)^2 + (y-a_2)^2$과 비교해 매우 작기 때문에 위의 예를 참고하면 다음 정리를 얻는다.

정리 7.4: 극값을 가질 충분조건

이변수 함수 f가 임계점 (a_1, a_2)에서 두 번 미분이 가능하다고 가정하자. 이 때 다음이 성립한다.
(1) 임계점 (a_1, a_2)에서

$$f_{xx} > 0, \quad f_{xx}f_{yy} - f_{xy}^2 > 0$$

이면 함수 f는 점 (a_1, a_2)에서 극솟값을 가진다.-

(2) 임계점 (a_1, a_2)에서

$$f_{xx} < 0, \quad f_{xx}f_{yy} - f_{xy}^2 > 0$$

이면 함수 f는 점 (a_1, a_2)에서 극댓값을 가진다.

(3) 임계점 (a_1, a_2)에서

$$f_{xx}f_{yy} - f_{xy}^2 < 0$$

이면 함수 f는 점 (a_1, a_2)에서 극값을 가지지 않는다.

예 7.11 좌표평면 $\mathbb{R}^2$ 전체에서 정의된 다음 함수의 극값을 구하고, 극댓값인지 극솟값인지를 판정하라.

(1) $f(x, y) = x^2 + xy + y^2 - 3x - 3y$

(2) $f(x, y) = x^2 - y^2 + xy$

|**풀이**| (1) 임계점을 먼저 찾는다. 두 식

$$f_x = 2x + y - 3 = 0, \quad f_y = x + 2y - 3 = 0$$

을 만족하는 점을 찾으면, 임계점은 $(1, 1)$이다. 함수 f를 두 번 편미분하면

$$f_{xx} = 2, \quad f_{yy} = 2, \quad f_{xy} = 1$$

이므로, 임계점 $(1, 1)$에서

$$f_{xx} = 2 > 0, \quad f_{xx}f_{yy} - f_{xy}^2 = 3 > 0$$

을 만족한다. 따라서 함수 f는 임계점 $(1, 1)$에서 극솟값을 가진다.

(2) 두 식

$$f_x = 2x + y = 0, \quad f_y = -2y + x = 0$$

을 만족하는 점을 찾으면, 임계점은 $(0, 0)$이다. 함수 f를 두 번 편미분하면

$$f_{xx} = 2, \quad f_{yy} = -2, \quad f_{xy} = 1$$

이므로, 임계점 $(0, 0)$에서-

$$f_{xx}f_{yy} - f_{xy}^2 = -5 < 0$$

을 만족한다. 따라서 함수 f는 임계점 $(0, 0)$에서 극값을 가지지 않으며 $(0, 0)$는 안장점이다. 이러한 성질은 그림 7.5에서도 확인할 수 있다.

□

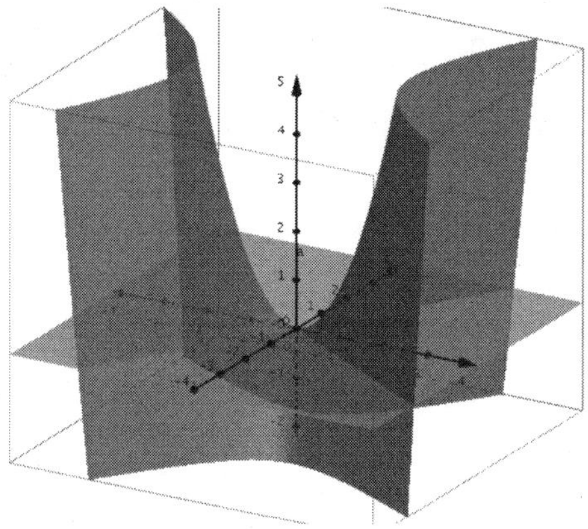

그림 7.5: 원점 $(0,0)$은 함수 $f(x,y)=x^2-y^2+xy$의 안장점이다.

7.2.2 다변수 함수의 극값

지금까지는 이변수 함수의 경우를 공부하였고, 이제부터는 보다 많은 변수를 가지는 함수에 대해 생각해보자. n개의 변수를 가지는 함수 $z=f(x_1,x_2,\ldots,x_n)$이 2차 편미분 가능하다고 가정하고, 점 $(a_1,a_2,\ldots,a_n)$이 모든 $i=1,2,\ldots,n$에 대해

$$f_{x_i}(a_1,a_2,\ldots,a_n)=0$$

을 만족하는 임계점이라고 하자. 편의상 2차 편미분을

$$f_{ij}=f_{x_ix_j}(a_1,a_2,\ldots,a_n)\quad(1\le i,\ j\le n)$$

으로 표현할 때, 헤시안(Hessian) 행렬 H를 다음과 같이 정의한다.

$$H=\begin{bmatrix} f_{11} & f_{12} & \cdots & f_{1n} \\ f_{21} & f_{22} & \cdots & f_{2n} \\ \vdots & \vdots & \ddots & \vdots \\ f_{n1} & f_{n2} & \cdots & f_{nn} \end{bmatrix}$$

또한, $H_1,\ H_2,\ \ldots,\ H_n$을 다음과 같이 정의한다.

$$H_1=[f_{11}],\ H_2=\begin{bmatrix} f_{11} & f_{12} \\ f_{21} & f_{22} \end{bmatrix},\ \ldots,\ H_i=\begin{bmatrix} f_{11} & f_{12} & \cdots & f_{1i} \\ f_{21} & f_{22} & \cdots & f_{2i} \\ \vdots & \vdots & \ddots & \vdots \\ f_{i1} & f_{i2} & \cdots & f_{ii} \end{bmatrix},\ \ldots,\ H_n=H$$

정리 7.5: 극값을 가질 충분조건

다변수 함수 $z = f(x_1, x_2, \ldots, x_n)$에 대하여 다음이 성립한다. 단, $|H_i|$는 행렬 H_i의 행렬식을 나타낸다.

(1) 임계점 $(a_1, a_2, \ldots, a_n)$에서 모든 $i = 1, 2, \ldots, n$에 대해 $|H_i| > 0$이 성립하면 함수는 그 임계점에서 극솟값을 가진다.

(2) 임계점 $(a_1, a_2, \ldots, a_n)$에서 모든 $i = 1, 2, \ldots, n$에 대해 $(-1)^i|H_i| > 0$이 성립하면 함수는 그 임계점에서 극댓값을 가진다.

예 7.12 좌표공간 $\mathbb{R}^3$ 전체에서 정의된 다음 함수의 극값을 구하고, 극댓값인지 극솟값인지를 판정하라.

(1) $f(x, y, z) = x^2 + 2y^2 + 3z^2 - 2x + 4y - 6z$

(2) $f(x, y, z) = -x^2 - y^2 - z^2 + 2x + 2y + 4z$

| 풀이 | (1) 먼저 임계점을 찾는다. 세 식

$$f_x = 2x - 2 = 0, \quad f_y = 4y + 4 = 0, \quad f_z = 6z - 6 = 0$$

을 모두 만족하는 점을 찾으면, 임계점은 $(1, -1, 1)$이다. 이제 함수 f를 두 번 편미분하면

$$f_{11} = 2,\ f_{12} = 0,\ f_{13} = 0,\ f_{22} = 4,\ f_{23} = 0,\ f_{33} = 6$$

이 되고, 임계점 $(1, -1, 1)$에서 다음을 계산할 수 있다.

$$|H_1| = 2, \quad |H_2| = \begin{vmatrix} 2 & 0 \\ 0 & 4 \end{vmatrix} = 8, \quad |H_3| = \begin{vmatrix} 2 & 0 & 0 \\ 0 & 4 & 0 \\ 0 & 0 & 6 \end{vmatrix} = 48$$

따라서 함수 f는 임계점 $(1, -1, 1)$에서 극솟값 $f(1, -1, 1) = -6$을 가진다.

(2) 우선 임계점을 찾는다. 세 식

$$f_x = -2x + 2 = 0, \quad f_y = -2y + 2 = 0, \quad f_z = -2z + 4 = 0$$

을 모두 만족하는 점을 찾으면, 임계점은 $(1, 1, 2)$이다. 이제 함수 f를 두 번 편미분하면

$$f_{11} = -2,\ f_{12} = 0,\ f_{13} = 0,\ f_{22} = -2,\ f_{23} = 0,\ f_{33} = -2$$

이 되고, 임계점 $(1,1,2)$에서 다음을 계산할 수 있다.

$$|H_1| = -2, \quad |H_2| = \begin{vmatrix} -2 & 0 \\ 0 & -2 \end{vmatrix} = 4, \quad |H_3| = \begin{vmatrix} -2 & 0 & 0 \\ 0 & -2 & 0 \\ 0 & 0 & -2 \end{vmatrix} = -8$$

따라서 함수 f는 임계점 $(1,1,2)$에서 극댓값 $f(1,1,2) = 6$을 가진다.

□

연습문제 7.2

1. 다음 함수의 극값을 찾아라.
   (1) $f(x,y) = x^2 + 2xy + 2y^2$
   (2) $g(x,y) = -2x^3 + y^3 + 6xy + 1$
   (3) $h(x,y) = xy - x + 2$

7.3 종합문제

1. 다음 함수의 극값을 구하라.
   (1) $y = x^2 - 4x + 1$
   (2) $y = \sqrt{x^2 + x + 1}$
   (3) $[1, 2]$에서 $y = x - \dfrac{2}{x}$
   (4) $y = x \ln x - 3x$
   (5) $y = e^{x^2+1}$

2. 다음 함수의 극값을 구하라.
   (1) $f(x, y) = x^2 + y^2 - 4x + 5$
   (2) $f(x, y) = x^2 - y^2 + 2x$
   (3) $f(x, y) = xy - \dfrac{1}{x} - \dfrac{1}{y}$

3. 다음 함수의 극값을 구하라.
   (1) $f(x, y, z) = x^2 + xy + y^2 + 3z^2$
   (2) $f(x, y, z) = 6x^3 + x^3y^2 + z^2 + 6xy$

Chapter 8

제약조건하의 극대 및 극소 문제

이 장에서는 등식 제약조건 또는 부등식 제약조건 하에서 함수의 극대 및 극소 문제를 다룬다

8.1 등식 제약조건이 존재하는 경우의 극대 및 극소 문제

이 절에서는 제약조건이 존재하는 경우에 함수의 극대 및 극소 문제를 푸는 대표적인 방법인 라그랑주 승수법에 대해 알아본다. 라그랑주 승수법은 제약조건이 있는 극대 및 극소 문제를 제약조건이 없는 극대 및 극소 문제로 바꾸어 푸는 방법이다.

8.1.1 제약조건하의 최대 및 최소 문제

제약조건이 있는 경우 함수의 극대 및 극소 문제는 제약조건이 없는 경우와 달리, 독립변수 상호 간에 영향을 미치게 되므로 이를 구체적으로 반영할 수 있는 해법이 필요하다. 먼저 다음 예제를 통해 알아보도록 한다.

예 8.1 $x^2 - z^2 - 1 = 0$이라는 제약조건 하에서 함수 $f(x, y, z) = x^2 + y^2 + z^2$의 값이 최소가 되는 점을 구하여라.

| **풀이** | 제약조건식에서 x와 y를 독립변수라고 가정하면, 제약조건식은 $z^2 = x^2 - 1$이고 함수 $f(x, y, z) = x^2 + y^2 + z^2$은 다음과 같이 변환된다.

$$g(x, y) = x^2 + y^2 + (x^2 - 1) = 2x^2 + y^2 - 1$$

따라서 함수 $f(x,y,z)$를 최소화하는 제약조건식 위의 점을 찾기 위해서는 함수 $g(x,y)$를 최소화하는 xy 평면 위의 점을 찾으면 된다. 이변수 함수가 극값을 가질 필요조건에 의해 함수 h의 극값은 다음 식을 만족하는 점에서 발생한다.

$$g_x = 4x = 0, \quad g_y = 2y = 0 \tag{8.1}$$

즉, $(x,y) = (0,0)$에서 함수 g는 극값을 가진다. 그리고 $g_{xx} = 4 > 0$ 이므로 극값을 가질 충분조건에 의해서 g는 $(x,y) = (0,0)$에서 극솟값을 가진다. 하지만 x와 y가 모두 0이 되는 제약조건식 $x^2 - z^2 = 1$ 위의 점 (x,y,z)는 존재하지 않는다.

그러면 왜 이런 문제가 발생하게 된 것일까? 이유는 (8.1) 조건을 함수 g의 정의역, 즉 xy 좌표평면 전체에서 찾았기 때문이다. 하지만 우리가 구하고자 하는 점, 즉 함수 $f(x,y,z)$를 최소화하는 점 (x,y,z)는 곡면 $x^2 - z^2 = 1$ 위의 점이다. 따라서 점 (x,y,z)의 처음 두 좌표 (x,y)는 곡면 $x^2 - z^2 = 1$을 xy 평면으로 수직 사영한 영역 R에 포함되어야 한다. 하지만 그 사영된 영역 R은 두 직선 $x = -1$과 $x = 1$ 사이의 영역, 즉 $-1 < x < 1$을 포함하지 않는다. 따라서 점 $(x,y) = (0,0)$는 영역 R에 포함되지 않는 것을 확인할 수 있다.

이 문제를 해결하기 위해서 x와 y를 독립변수라고 가정하는 대신에 y와 z를 독립변수라고 가정하자. 그러면 제약조건식은 $x^2 = z^2 + 1$이고, 함수 $f(x,y,z) = x^2 + y^2 + z^2$은 다음과 같이 변환된다.

$$h(y,z) = (z^2 + 1) + y^2 + z^2 = 1 + y^2 + 2z^2$$

그러면 극값을 가질 필요조건에 의해 $h_y = 2y = 0$이고 $h_z = 4z = 0$이므로 함수 h는 $(y,z) = (0,0)$에서 극값을 가진다. 게다가 $h_{yy} = 2 > 0$이므로 극값을 가질 충분조건에 의해 h는 $(y,z) = (0,0)$에서 극솟값을 가진다. 또한 $(y,z) = (0,0)$을 제약조건식 $x^2 = z^2 + 1$에 대입하면, $x = \pm 1$을 얻을 수 있다. 따라서 제약조건 $x^2 - z^2 - 1 = 0$ 하에서 함수 $f(x,y,z) = x^2 + y^2 + z^2$은 점 $(\pm 1, 0, 0)$에서 최솟값 $f(\pm 1, 0, 0) = 1$을 가진다. □

다음 절에서는 위 예제를 라그랑주 승수법을 이용하여 체계적으로 풀고자 한다.

8.1.2 라그랑주 승수법

라그랑주 승수법에 대한 설명을 위해 다음과 같은 이변수 함수의 최소화 문제를 다룬다.

제약조건 $h(x,y) = 0$ 하에서 함수 $f(x,y)$가 최소가 되는 점을 구하여라.

위 문제는 $f(x,y) = c$ (c는 임의의 실수값)라고 두고, 제약조건 하에서 c의 최솟값을 구하면 된다. 두 방정식 $h(x,y) = 0$과 $f(x,y) = c$는 xy 좌표평면 위의 곡선들을 나타내고, 곡선 $h(x,y) = 0$은 고정된 곡선이고 곡선 $f(x,y) = c$는 c 값이 변함에 따라 변하는 곡선이다.

그림 8.1에서 $c_1 < c_* < c_3 < c_4 < c_5$라고 가정하면, c값이 커짐에 따라 변하는 곡선 $f(x,y) = c$는 고정된 곡선 $h(x,y) = 0$에 가까워지는 것을 알 수 있다. 마침내 $c = c_*$이면

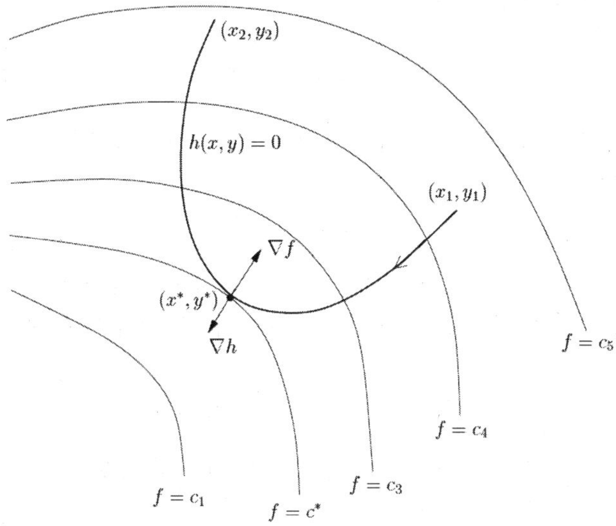

그림 8.1: 라그랑주 승수법의 원리

두 곡선 $f(x,y) = c_*$와 $h(x,y) = 0$은 한 점 (x_*, y_*)에서 만나고, $c > c_*$이면 두 곡선은 두 점에서 만난다. 따라서 곡선 $h(x,y) = 0$ 위의 점이면서 함수 $f(x,y) = c$를 최소화시키는 점은 (x_*, y_*)이고, 이 점에서의 함수값 $f(x_*, y_*) = c_*$가 최솟값임을 알 수 있다.

그러면 두 곡선 $f(x,y) = c_*$와 $h(x,y) = 0$이 만나는 점 (x_*, y_*)를 구하는 방법을 알아보도록 하자. 우선 이를 위해 곡선 위의 한 점에서의 기울기 벡터를 다음과 같이 정의한다.

정의 8.1. 곡선 $h(x,y) = 0$ 위의 한 점 (a,b)에서의 기울기 벡터 (또는 기울기) $\nabla f(a,b)$는 다음과 같이 그 점에서의 편도함수들을 성분으로 가지는 벡터로 정의된다.

$$\nabla h(a,b) = \begin{bmatrix} \partial_x h(a,b) \\ \partial_y h(a,b) \end{bmatrix}$$

기울기 벡터 $\nabla h(a,b)$는 점 (a,b)에서 점 $\Big(a + \partial_x h(a,b), b + \partial_y h(a,b)\Big)$로 향하는 반직선의 방향을 나타내고, 이 방향은 점 (a,b)에서 곡선 $h(x,y) = 0$의 접선에 수직이다.

반면 두 곡선 $f(x,y) = c_*$와 $h(x,y) = 0$이 한 점 (x_*, y_*)에서 서로 접하므로 두 곡선은 그 점에서 같은 접선을 가진다. 그리고 정의 8.1에 의해 곡선 위의 한 점에서의 기울기 벡터는 그 점에서의 접선에 수직인 방향이므로, 점 (x_*, y_*)에서 두 곡선의 기울기 벡터들은 서로 평행한 방향이고 따라서 다음과 같은 식이 성립한다.

$$\nabla f(x_*, y_*) = \lambda \nabla h(x_*, y_*)$$

즉, 다음과 같은 두 방정식이 성립한다.

$$f_x(x_*, y_*) = \lambda\ h_x(x_*, y_*), \qquad f_y(x_*, y_*) = \lambda\ h_y(x_*, y_*) \tag{8.2}$$

여기서 λ는 임의의 실수값을 가지는 변수이다. 또한 (x_*, y_*)는 곡선 $h(x, y) = 0$ 위의 점이므로 다음 식이 성립한다.

$$h(x_*, y_*) = 0 \tag{8.3}$$

그러므로 (x_*, y_*)는 위 세 방정식 (8.2)와 (8.3)을 풀어서 구할 수 있다.

이제 위 세 방정식 (8.2)와 (8.3)이 다음과 같은 제약조건이 없는 형태의 함수, 즉 라그랑주 함수(Lagrange function)

$$L(x, y, \lambda) = f(x, y) - \lambda h(x, y)$$

가 극값을 가질 필요조건과 일치하는 걸 확인하도록 한다. 위 함수가 극값을 가질 필요조건은 다음과 같다.

$$\begin{cases} L_x(x, y, \lambda) = f_x(x, y) - \lambda h_x(x, y) = 0 \\ L_y(x, y, \lambda) = f_y(x, y) - \lambda h_y(x, y) = 0 \\ L_\lambda(x, y, \lambda) = -h(x, y) = 0 \end{cases}$$

따라서 점 (x_*, y_*, λ_*)에서 라그랑주 함수 $L(x, y, \lambda)$가 최솟값을 가지면, 점 (x_*, y_*)는 제약조건 $h(x, y) = 0$을 만족하고 제약조건하의 함수 $f(x, y)$는 이 점에서 최솟값을 가진다. 이와 같이 제약조건하의 함수의 극값을 구하는 문제를 제약조건이 없는 함수의 극값을 구하는 문제로 바꾸어 푸는 방법을 라그랑주 승수법이라고 한다.

삼변수 함수에 대한 라그랑주 승수법은 다음과 같이 주어진다.

정리 8.1: 라그랑주 승수법 (Method of Lagrange Multipliers)

함수 $f(x, y, z)$와 $h(x, y, z)$는 미분가능하고 $h(x, y, z) = 0$인 점에서 $\nabla h \neq (0, 0, 0)$ 임을 가정하자. $h(x, y, z) = 0$이라는 제약조건 하에서 함수 f의 극댓값 또는 극솟값을 찾기 위해서는 제약조건이 없는 형태의 함수, 즉 라그랑주 함수

$$L(x, y, z) = f(x, y, z) - \lambda h(x, y, z)$$

를 만든다. 여기서 새로운 변수 λ를 라그랑주 승수(Lagrange multiplier)라고 부른다. 그러면 $h(x, y, z) = 0$을 만족하는 점 (x, y, z)에 대해서 $L(x, y, z, \lambda) = f(x, y, z)$가 성립한다. 따라서 점 (x, y, z, λ)가 제약조건이 없는 라그랑주 함수의 극점이 되면 점 (x, y, z)는 제약조건을 만족하면서 제약조건하의 함수 f의 극점이 된다. 그리고 라그랑주 함수가

극값을 가질 필요조건은 다음과 같다.

$$\begin{cases} L_x(x,y,\lambda) = f_x(x,y,z) - \lambda h_x(x,y,z) = 0 \\ L_y(x,y,\lambda) = f_y(x,y,z) - \lambda h_y(x,y,z) = 0 \\ L_z(x,y,\lambda) = f_z(x,y,z) - \lambda h_z(x,y,z) = 0 \\ L_\lambda(x,y,\lambda) = -h(x,y,z) = 0 \end{cases}$$

즉, 위의 방정식을 만족하는 점 (x, y, z, λ)에서 함수 L은 극값을 가진다.

이제 앞절의 예 8.1을 라그랑주 승수법을 이용하여 다시 풀어보자.

예 8.2 $x^2 - z^2 - 1 = 0$이라는 제약조건 하에서 함수 $f(x,y,z) = x^2 + y^2 + z^2$의 값이 최소가 되는 점을 구하여라.

| **풀이** | 삼변수 함수 $h(x,y,z)$를

$$h(x,y,z) = x^2 - z^2 - 1$$

이라고 하면 이 문제는 제약조건 $h(x,y,z) = 0$ 하에서 함수 $f(x,y,z) = x^2+y^2+z^2$의 극솟값을 구하는 문제이다. 따라서 라그랑주 승수법에 의해 다음 방정식들을 만족하는 x, y, z, λ를 찾으면 된다.

$$\begin{cases} f_x(x,y,z) = \lambda h_x(x,y,z) \\ f_y(x,y,z) = \lambda h_y(x,y,z) \\ f_z(x,y,z) = \lambda h_z(x,y,z) \\ h(x,y,z) = 0 \end{cases}$$

즉, 다음 네 개의 방정식을 풀면 된다.

$$2x = 2\lambda x, \quad 2y = 0, \quad 2z = -2\lambda z, \quad x^2 - z^2 - 1 = 0$$

우선 방정식 $2x = 2\lambda x$는 $2x(1-\lambda) = 0$이고, $x \neq 0$이므로

$$\lambda = 1$$

을 얻는다. 그리고 $\lambda = 1$이면 $2z = -2\lambda z$는 $2z = -2z$가 되므로

$$z = 0$$

이 된다. 또한 방정식 $2y = 0$으로부터 $y = 0$을 얻는다. 마지막으로 제약조건식 $x^2 - z^2 - 1 = 0$에 $y = 0$, $z = 0$을 대입하면 $x = \pm 1$이다.

따라서 함수 f는 제약조건식 위의 점 $(x, y, z) = (\pm 1, 0, 0)$에서 극값을 가진다. 즉, 함수 $f(x, y, z) = x^2 + y^2 + z^2$은 점 $(\pm 1, 0, 0)$에서 최솟값 $f(\pm 1, 0, 0) = 1$을 가진다. □

다음 두 예제들은 이변수 함수의 극값들을 구하는 문제들이다.

예 8.3 제약조건 $x^2 + y^2 = 10$ 하에서 함수 $f(x, y) = xy$의 최댓값과 최솟값을 구하여라.

| 풀이 | 이 문제는 제약조건 $h(x, y) = x^2 + y^2 - 10 = 0$ 하에서함수 $f(x, y) = xy$의 극값들을 구하는 문제이다. 따라서 라그랑주 승수법에 의해 다음 방정식들을 만족하는 x, y, λ를 찾으면 된다.

$$\begin{cases} f_x(x, y) = \lambda h_x(x, y) \\ f_y(x, y) = \lambda h_y(x, y) \\ h(x, y) = 0 \end{cases}$$

즉, 다음 세 개의 방정식을 풀면 된다.

$$y = 2\lambda x, \quad x = 2\lambda y, \quad x^2 + y^2 = 10$$

첫 번째 방정식 $y = 2\lambda x$를 두 번째 방정식 y에 대입하면 다음과 같은 방정식이 주어진다.

$$x = 2\lambda(2\lambda x) = 4\lambda^2 x$$

그리고 위 방정식의 해는 다음과 같다.

$$x = 0 \quad \text{or} \quad \lambda = \pm\frac{1}{2}$$

그러므로 다음 두 경우에 대해 살펴보자.

(1) $x = 0$이면, $x = y = 0$이므로 제약조건식 $x^2 + y^2 = 10$ 위의 점이 아니다. 따라서 x는 0이 될 수 없다.

(2) $x \neq 0$이고 $\lambda = \pm\frac{1}{2}$라고 하면, $y = \pm x$이다. 이를 제약조건식 $x^2 + y^2 = 10$에 대입하면 다음과 같다.

$$x^2 + (\pm x)^2 = 10 \;\Rightarrow\; 2x^2 = 10 \;\Rightarrow\; x = \pm\sqrt{5}$$

따라서 함수 f는 네 점 $(\sqrt{5}, \pm\sqrt{5})$, $(-\sqrt{5}, \mp\sqrt{5})$에서 극값들을 가진다. 즉, 두 점 $(\sqrt{5}, \sqrt{5})$와 $(-\sqrt{5}, -\sqrt{5})$에서 함수 $f(x, y) = xy$는 최댓값 5를 가지고, 두 점 $(\sqrt{5}, -\sqrt{5})$와 $(-\sqrt{5}, \sqrt{5})$에서 f는 최솟값 -5를 가진다. □

예 8.4 평면위의 곡선 $x^2y = 2$ 위의 점 중에서 원점에 가장 가까운 점과 그 점에서 원점까지의 거리를 구하여라.

| 풀이 | 곡선 $x^2y = 2$ 위의 한 점을 (x_*, y_*)라 하면 이 점으로부터 원점까지의 거리는 $\sqrt{x_*^2 + y_*^2}$이다. 따라서 이 문제는 함수 $g(x, y) = \sqrt{x^2 + y^2}$를 최소화하는 곡선 $x^2y = 2$ 위의 점을 찾는 문제이다. 하지만 $g(x, y)$ 대신에 보다 쉬운 함수, 즉 거리의 제곱 함수 $f(x, y) = x^2 + y^2$를 최소화하는 문제로 변환할 수 있다. 그러므로 이제 이 문제는 제약조건 $h(x, y) = x^2y - 2 = 0$ 하에서 함수 $f(x, y) = x^2 + y^2$의 극솟값을 구하는 문제가 된다. 그러면 라그랑주 승수법에 의해 다음과 같은 방정식들을 만족하는 x, y, λ를 찾으면 된다.

$$\begin{cases} f_x(x, y) = \lambda h_x(x, y) \\ f_y(x, y) = \lambda h_y(x, y) \\ h(x, y) = 0 \end{cases}$$

즉, 다음 세 개의 방정식을 풀면 된다.

$$2x = \lambda(2xy), \quad 2y = \lambda(x^2), \quad x^2y - 2 = 0$$

우선 제약조건식 때문에 $x \neq 0$, $y \neq 0$이고, 따라서 $\lambda \neq 0$이다. 그러면 첫 번째 방정식의 각 변을 두 번째 방정식의 각 변으로 나눌 수 있고 다음과 같은 식이 된다.

$$\frac{2x}{2y} = \frac{\lambda(2xy)}{\lambda(x^2)} \quad \Rightarrow \quad \frac{x}{y} = \frac{2y}{x} \quad \Rightarrow \quad x^2 = 2y^2$$

따라서 $x = \pm\sqrt{2}y$가 되고, 이를 제약조건식 $x^2y - 2 = 0$에 대입하면 다음과 같다.

$$(\pm\sqrt{2}y)^2y - 2 = 0 \quad \Rightarrow \quad y^3 = 1 \quad \Rightarrow \quad y = 1$$

그러면 $x = \pm\sqrt{2}$로 구해진다.

따라서 함수 f는 곡선 $x^2y = 2$ 위의 두 점 $(x, y) = (\pm\sqrt{2}, 1)$에서 극값을 가진다. 즉, 함수 $f(x, y) = x^2 + y^2$은 점 $(\pm\sqrt{2}, 1)$에서 최솟값 $f(\pm\sqrt{2}, 1) = (\pm\sqrt{2})^2 + 1^2 = 3$을 가진다. 하지만 함수 f의 값은 거리의 제곱값이기 때문에 최종적 답인 최소거리는 $\sqrt{3}$이 되고 최소화하는 점은 $(x, y) = (\pm\sqrt{2}, 1)$이다. □

다음 예제는 삼변수 함수의 극값을 구하는 문제이다.

예 8.5 다음 구 $x^2+y^2+z^2=30$ 위에서 함수 $f(x,y,z)=x-2y+5z$의 최댓값과 최솟값을 구하여라.

| 풀이 | 이 문제는 제약조건 $h(x,y,z)=x^2+y^2+z^2-30=0$ 하에서 함수 $f(x,y,z)=x-2y+5z$의 극값들을 구하는 문제이다. 따라서 라그랑주 승수법에 의해 다음 방정식들을 만족하는 x, y, z, λ를 찾으면 된다.

$$\begin{cases} f_x(x,y,z)=\lambda h_x(x,y,z) \\ f_y(x,y,z)=\lambda h_y(x,y,z) \\ f_z(x,y,z)=\lambda h_z(x,y,z) \\ h(x,y,z)=0 \end{cases}$$

즉, 다음 네 개의 방정식을 풀면 된다.

$$1=\lambda(2x),\quad -2=\lambda(2y),\quad 5=\lambda(2z),\quad x^2+y^2+z^2=30$$

우선 처음 세 방정식을 다음과 같이 변환한다.

$$x=\frac{1}{2\lambda},\quad y=\frac{-1}{\lambda},\quad z=\frac{5}{2\lambda}$$

그리고 위 식들을 제약조건식 $x^2+y^2+z^2=30$에 대입하면 다음을 얻는다.

$$\left(\frac{1}{2\lambda}\right)^2+\left(\frac{-1}{\lambda}\right)^2+\left(\frac{5}{2\lambda}\right)^2=30 \quad\Rightarrow\quad \lambda^2=\frac{1}{4}$$

그러므로 $\lambda=\pm\frac{1}{2}$이고, x, y, z는 다음과 같다.

$$x=\pm1,\quad y=\mp2,\quad z=\pm5$$

따라서 함수 f는 점 $(x,y,z)=(1,-2,5)$와 $(-1,2,-5)$에서 극값을 가진다. 즉, 함수 $(x,y,z)=x-2y+5z$는 점 $(1,-2,5)$에서 최댓값 $f(1,-2,5)=30$을 가지고, 점 $(-1,2,-5)$에서 최솟값 $f(-1,2,-5)=-30$을 가진다. □

8.2 부등식 제약조건이 존재하는 경우의 극대 및 극소 문제

이 절에서는 부등식 제약조건이 존재하는 경우에 함수의 극대 및 극소 문제를 푸는 방법에 대해 알아본다. 구체적으로 부등식 제약조건에 의해 만들어지는 유계폐영역 내에서의 함수의 최대 및 최소 문제를 구한다.

부등식으로 이루어진 유계폐영역 내의 함수의 최대 및 최솟값은 영역을 내부점과 경계점으로 나누어서 찾는다. 따라서 다음과 같은 세 단계를 따른다.

정리 8.2: 유계폐영역 D에서의 함수의 최대 및 최소를 구하는 방법

(1) D의 내부점: 극값을 가질 필요조건과 충분조건을 이용하여 내부점에서의 극값들을 구한다.
(2) D의 경계점: 경계에서 함수 f의 최댓값과 최솟값을 구한다. (몇 개의 경계로 나눠질 경우에는 각각의 경계에서 함수의 최댓값과 최솟값을 구한다.)
(3) 내부점에서의 극값들과 경계점에서의 최댓값 및 최솟값들 중에서 가장 최대인 값과 가장 최소인 값을 찾는다.

예 8.6 주어진 직사각형 영역 D 위의 점들 중에서 함수 $f(x,y) = x^2 + xy + y^2 - 6x$의 최댓값과 최솟값을 구하여라.

$$D = \{(x,y) \mid 0 \le x \le 5,\ -3 \le y \le 3\}$$

|**풀이**| (1) 내부점: 우선 극값을 가질 필요조건을 이용하여 함수 f가 극값을 가지는 영역 D의 내부점을 구한다.

$$f_x = 2x + y - 6 = 0, \quad f_y = x + 2y = 0$$

위 두 연립방정식을 풀면 $x = 4$, $y = -2$가 되고 이 점은 영역 D의 내부점이다. 따라서 함수 f는 점 $(4,-2)$에서 극값을 가진다. 그리고 $f_{xx} = 2 > 0$이므로 극값을 가질 충분조건에 의해 함수 f는 $(4,-2)$에서 극솟값 $f(4,-2) = -12$를 가진다.

(2) 경계점: 다음은 경계점에서의 함수의 최댓값과 최솟값을 구한다. 영역 D는 네 개의 경계를 가지는데 이들을 다음과 같이 정의할 수 있다.

$$D_1 = \{(x,y) \mid x = 0,\ -3 \le y \le 3\}$$
$$D_2 = \{(x,y) \mid x = 5,\ -3 \le y \le 3\}$$
$$D_3 = \{(x,y) \mid 0 \le x \le 5,\ y = -3\}$$
$$D_4 = \{(x,y) \mid 0 \le x \le 5,\ y = 3\}$$

(a) 경계 D_1에서 함수 f는 다음과 같이 변환된다.

$$f(x,y) = f(0,y) = y^2$$

D_1에서 $-3 \le y \le 3$이므로, 함수 f는 $(x,y) = (0,0)$에서 최솟값 0을 가지고 $(x,y) = (0,\pm 3)$에서 최댓값 9를 가진다.

(b) 경계 D_2에서 함수 f는 다음과 같이 변환된다.

$$f(x,y) = f(5,y) = 25 + 5y + y^2 - 30 = \left(y + \frac{5}{2}\right)^2 - \frac{45}{4}$$

D_2에서 $-3 \le y \le 3$이므로, 함수 f는 $(x,y) = (5, -\frac{5}{2})$에서 최솟값 $-\frac{5}{4}$를 가지고 $(x,y) = (5,3)$에서 최댓값 19를 가진다.

(c) 경계 D_3에서 함수 f는 다음과 같이 변환된다.

$$f(x,y) = f(x,-3) = x^2 - 3x + 9 - 6x = \left(x - \frac{9}{2}\right)^2 - \frac{45}{4}$$

D_3에서 $0 \le x \le 5$이므로, 함수 f는 $(x,y) = (\frac{9}{2}, -3)$에서 최솟값 $-\frac{45}{4}$를 가지고 $(x,y) = (0,-3)$에서 최댓값 9를 가진다.

(d) 경계 D_4에서 함수 f는 다음과 같이 변환된다.

$$f(x,y) = f(x,3) = x^2 + 3x + 9 - 6x = \left(x - \frac{3}{2}\right)^2 + \frac{27}{4}$$

D_4에서 $0 \le x \le 5$이므로, 함수 f는 $(x,y) = (\frac{3}{2}, 3)$에서 최솟값 $\frac{27}{4}$을 가지고 $(x,y) = (5,3)$에서 최댓값 19를 가진다.

따라서 함수 $f(x,y)$는 경계점 $(x,y) = (5,3)$에서 최댓값 19를 가지고, 내부점 $(x,y) = (4,-2)$에서 최솟값 -12를 가진다. □

예 8.7 세 직선 $x = 0$, $y = 2$, $y = 2x$로 둘러싸인 1사분면의 삼각형 모양의 영역에서 다음 함수의 최댓값과 최솟값을 구하여라.

$$f(x,y) = 2x^2 - 4x + y^2 - 4y + 1$$

| 풀이 | (1) 내부점: 극값을 가질 필요조건을 이용하여 함수 f가 극값을 가지는 영역의 내부점을 구한다.

$$f_x = 4x - 4 = 0, \quad f_y = 2y - 4 = 0$$

위 두 연립방정식을 풀면 $x = 1$, $y = 2$가 구해진다. 하지만 점 $(1,2)$는 내부점이 아니므로 다음 단계로 넘어간다.

(2) 경계점: 세 직선으로 둘러싸인 삼각형 모양의 영역을 D라 하면, 영역 D는 세 개의 경계를 가지는데 이들을 다음과 같이 정의할 수 있다.

$$D_1 = \{(x,y) \mid x = 0,\ 0 \le y \le 2\}$$
$$D_2 = \{(x,y) \mid 0 \le x \le 1,\ y = 2\}$$
$$D_3 = \{(x,y) \mid y = 2x,\ 0 \le x \le 1\}$$

(a) 경계 D_1에서 함수 f는 다음과 같이 변환된다.

$$f(x,y) = f(0,y) = y^2 - 4y + 1 = (y-2)^2 - 3$$

D_1에서 $0 \le y \le 2$이므로, 함수 f는 $(x,y) = (0,2)$에서 최솟값 -3을 가지고 $(x,y) = (0,0)$에서 최댓값 1을 가진다.

(b) 경계 D_2에서 함수 f는 다음과 같이 변환된다.

$$f(x,y) = f(x,2) = 2x^2 - 4x - 3 = 2(x-1)^2 - 5$$

D_2에서 $0 \le x \le 1$이므로, 함수 f는 $(x,y) = (1,2)$에서 최솟값 -5를 가지고 $(x,y) = (0,2)$에서 최댓값 -3을 가진다.

(c) 경계 D_3에서 함수 f는 다음과 같이 변환된다.

$$\begin{aligned} f(x,y) &= f(x,2x) \\ &= 2x^2 - 4x + (2x)^2 - 4(2x) + 1 \\ &= 6x^2 - 12x + 1 = 6(x-1)^2 - 5 \end{aligned}$$

D_3에서 $0 \le x \le 1$이므로, 함수 f는 $(x,y) = (1,2)$에서 최솟값 -5를 가지고 $(x,y) = (0,0)$에서 최댓값 1을 가진다.

따라서 함수 $f(x,y)$는 경계점 $(x,y) = (0,0)$에서 최댓값 1을 가지고, 경계점 $(x,y) = (1,2)$에서 최솟값 -5를 가진다. □

8.3 종합문제

1. 제약조건 $x^2 - 2x + y^2 - 4y = 0$ 하에서 함수 $f(x, y) = x^2 + y^2$의 최댓값과 최솟값을 구하여라.

2. 제약조건 $x^2 + y^2 = 4$ 하에서 함수 $f(x, y) = 3x - y + 6$의 최댓값과 최솟값을 구하여라.

3. 타원 $x^2 + 4y^2 = 1$ 위의 점 중에서 함수 $f(x, y) = xy$가 극값을 가지는 점들을 구하여라.

4. 직선 $x + 3y = 10$ 위의 점 중에서 함수 $f(x, y) = 64 - x^2 - y^2$을 최대화하는 점을 구하여라.

5. 곡선 $xy^2 = 54$ 위의 점 중에서 원점에 가장 가까운 점을 구하고, 그 점에서 원점까지의 거리를 구하여라.

6. 구 $x^2 + y^2 + z^2 = 25$ 위의 점 중에서 함수 $f(x, y, z) = x + 2y + 3z$가 최댓값과 최솟값을 가지는 점들을 구하여라.

7. 평면 $x + 2y + 3z = 13$ 위의 점 중에서 점 $(1, 1, 1)$에 가장 가까운 점을 구하여라.

8. 다음 주어진 영역 D에서 함수 f의 최댓값과 최솟값을 구하여라.

$$f(x, y) = x^2 + xy + y^2 - 6x + 2$$
$$D = \{(x, y) \mid 0 \le x \le 5, -3 \le y \le 0\}$$

9. 세 직선 $x = 0$, $y = 4$, $y = x$로 둘러싸인 1사분면내의 삼각형 폐영역내에서 함수 $f(x, y) = x^2 - xy + y^2 + 1$의 최댓값과 최솟값을 구하여라.

10. 세 직선 $x = 0$, $y = 0$, $y = x + 1$로 둘러싸인 1사분면내의 삼각형 폐영역내에서 함수 $f(x, y) = 4x - 8xy + 2y + 1$의 최댓값과 최솟값을 구하여라.

Chapter 9

함수의 적분

9.1 부정적분

9.1.1 역도함수

정의 9.1 (역도함수)**.** 열린구간 I에서 정의된 함수 f를 생각하자. 구간 I의 모든 점 x에 대하여

$$F'(x) = f(x)$$

를 만족하는 함수 F가 존재할 때 이 함수 F를 구간 I에서 f의 **역도함수**라고 한다.

참고 9.1

(1) 도함수 f로부터 함수 F를 다시 구하는 과정을 역미분이라고 한다.

(2) 함수 f의 역도함수를 F, g의 역도함수를 G와 같이 역도함수는 대문자로 나타낸다.

예 9.1 다음 함수의 역도함수를 구하여라.

(1) $f(x) = 2x$

(2) $g(x) = \dfrac{1}{x} + 2e^{2x}$

| 풀이 | (1) $(x^2)' = 2x$이므로 $F(x) = x^2$은 $f(x) = 2x$의 역도함수이다.

(2) $(\ln x + e^{2x})' = \dfrac{1}{x} + 2e^{2x}$이므로 $G(x) = \ln x + e^{2x}$은 $g(x) = \dfrac{1}{x} + 2e^{2x}$의 역도함수이다.

□

함수의 역도함수는 하나라고 할 수 없다. $F(x)$가 $f(x)$의 역도함수라 하면 임의의 상수 C에 대해

$$(F(x)+C)' = F'(x) = f(x)$$

이므로 $F(x)+C$도 $f(x)$의 역도함수가 된다. 한편, $F(x)$와 $G(x)$가 같은 구간에서 정의되는 $f(x)$의 역도함수라 하면, $F'(x) = f(x) = G'(x)$가 되기 때문에 $(G(x) - F(x))' = 0$이 되어 $G(x) = F(x) + C$ (C는 상수)가 된다. 즉, $F(x)$가 구간 I에서 f의 역도함수라 하면 이 구간에서 f의 가장 일반적인 형태의 역도함수는

$$F(x) + C \quad (C\text{는 임의의 상수})$$

이다.

예 9.2 함수 $f(x) = 3e^{3x}$의 역도함수 중에서 $F(0) = 3$인 것을 구하여라.

| **풀이** | $(e^{3x})' = 3e^{3x}$이므로 $f(x)$의 역도함수는 $F(x) = e^{3x} + C$ (C는 상수)이다. 게다가 $F(0) = 3$이므로 $3 = F(0) = e^0 + C = 1 + C$이고, 따라서 $C = 2$를 얻는다. 결국 $F(0) = 3$인 $f(x)$의 역도함수는 $F(x) = e^{3x} + 2$가 된다. □

예 9.3 $\dfrac{ds}{dt} = 1 + e^t$, $s(0) = 4$를 만족하는 $s(t)$를 구하여라.

| **풀이** | $(t + e^t)' = 1 + e^t$이므로 $s(t) = t + e^t + C$ (C는 상수)이고, $s(0) = 4$이므로 $C = 3$이다. 따라서 $s(t) = t + e^t + 3$이 된다. □

정의 9.2 (부정적분). 함수 f의 가장 일반적인 형태의 역도함수를 x에 관한 f의 **부정적분**(indefinite integral)이라고 하고 다음과 같은 기호로 나타낸다.

$$\int f(x)\,dx$$

이 때 기호 $\int$을 **적분기호**(integral sign), 함수 $f(x)$를 이 적분의 **피적분함수**(integrand), x를 **적분변수**(variable of integration)라고 한다.

참고 9.2 편의상

$$\int 1dx = \int dx, \quad \int \frac{1}{f(x)}dx = \int \frac{dx}{f(x)}$$

로 쓰기로 한다.

9.1.2 기본 적분법

$F(x)$를 미분했을 때 $f(x)$가 얻어진다는 것은 $F(x)$가 $f(x)$의 역도함수라는 것이다. 따라서 앞서 배웠던 여러 가지 함수의 미분 공식을 역으로 살펴본다면 다음의 적분공식을 얻을 수 있다.

$$\int x^n\,dx = \frac{x^{n+1}}{n+1} + C \quad (\text{단, } n \neq -1)$$
$$\int a^x\,dx = \frac{a^x}{\ln a} + C \quad (\text{단, } a > 0)$$
$$\int e^x\,dx = e^x + C$$

또한 $(\ln|f(x)|)' = \dfrac{f'(x)}{f(x)}$이므로 다음의 적분공식도 얻을 수 있다.

$$\int \frac{f'(x)}{f(x)}\,dx = \ln|f(x)| + C \tag{9.1}$$

특별히 식 (9.1)에서 $f(x)$ 자리에 $x-a$, x^2+a를 대입하면 다음의 식들을 얻는다.

$$\int \frac{dx}{x-a} = \ln|x-a| + C$$
$$\int \frac{x}{x^2+a}\,dx = \frac{1}{2}\ln|x^2+a| + C$$

9.1.3 적분법의 기본공식

$F(x)$와 $G(x)$가 각각 $f(x)$와 $g(x)$의 역도함수라고 하면 미분법 공식에 의하여

$$(kF(x))' = kF'(x) = kf(x) \quad (\text{단, } k \in \mathbb{R})$$
$$(F(x)+G(x))' = F'(x) + G'(x) = f(x) + g(x)$$

가 성립한다. 이 두 식으로부터 다음의 정리를 얻는다.

정리 9.1

(1) $\displaystyle\int kf(x)\,dx = k\int f(x)\,dx \quad (\text{단, } k \in \mathbb{R})$

(2) $\displaystyle\int (f(x)+g(x))dx = \int f(x)\,dx + \int g(x)\,dx$

예 9.4 다음 부정적분을 구하시오.

(1) $\int (x^2 - 2x + 5)\,dx$

(2) $\int \left(2x + \frac{1}{x} + 3e^{3x}\right) dx$

| 풀이 | (1) $\left(\frac{x^3}{3} - x^2 + 5x\right)' = x^2 - 2x + 5$이므로

$$\int (x^2 - 2x + 5)\,dx = \frac{x^3}{3} - x^2 + 5x + C$$

가 된다.

(2) $(x^2 + \ln|x| + e^{3x})' = 2x + \frac{1}{x} + 3e^{3x}$이므로

$$\int \left(2x + \frac{1}{x} + 3e^{3x}\right) dx = x^2 + \ln|x| + e^{3x} + C$$

가 된다.

□

연습문제 9.1

1. 다음 부정적분을 구하시오.
   (1) $\int \left(\frac{1}{x^2} + \sqrt{x}\right) dx$
   (2) $\int \frac{(x+1)^2}{x}\,dx$
   (3) $\int \frac{e^x}{e^x + 1}\,dx$
   (4) $\int \frac{2x - 1}{x^2 - x + 1}\,dx$

2. 다음 조건을 만족하는 함수 $f(x)$를 구하여라.
   (1) $f'(x) = x\sqrt{x},\ f(4) = 12$
   (2) $f'(x) = 2x + 1,\ f(1) = -1$
   (3) $f'(x) = x^3 + x - 5,\ f(1) = 3$
   (4) $f'(x) = 3x^2 + x + 1,\ \ f(1) = 1$

3. $f(x) = \int (3x^2 + 4x)\,dx$일 때 다음 극한을 구하여라.

$$\lim_{h \to 0} \frac{f(1-h) - f(1)}{h}$$

9.1.4 치환적분

정리 9.2: 치환적분법

$u = g(x)$가 미분가능한 함수로서 구간 I를 치역으로 하고 f가 I위에서 연속이면 다음이 성립한다.

$$\int f(g(x))g'(x)\,dx = \int f(u)\,du$$

예 9.5 부정적분 $\int x^3 e^{x^4+2}\,dx$를 구하여라.

| 풀이 | $u = x^4 + 2$로 치환하면 $du = 4x^3 dx$이므로 $x^3 dx = \frac{1}{4}du$이다. 따라서 다음을 얻는다.

$$\int x^3 e^{x^4+2}\,dx = \frac{1}{4}\int e^u\,du = \frac{1}{4}e^u + C = \frac{1}{4}e^{x^4+2} + C$$

□

예 9.6 부정적분 $\int \sqrt{3x+4}\,dx$를 구하여라.

| 풀이 | $u = 3x + 4$로 치환하면 $du = 3dx$이므로 $dx = \frac{1}{3}du$ 이다. 따라서 다음을 얻는다.

$$\int \sqrt{3x+4}\,dx = \frac{1}{3}\int \sqrt{u}\,du = \frac{1}{3}\cdot\frac{2}{3}u^{3/2} + C = \frac{2}{9}(3x+4)\sqrt{3x+4} + C$$

□

예 9.7 부정적분 $\int \frac{1}{x\ln x}\,dx$를 구하여라.

| 풀이 | $u = \ln x$로 치환하면 $du = \frac{1}{x}dx$ 이므로 다음을 얻는다.

$$\int \frac{1}{x\ln x}\,dx = \int \frac{1}{u}\,du = \ln|u| + C = \ln|\ln x| + C$$

□

연습문제 9.2

1. 다음 부정적분을 구하시오.

   (1) $\int (5x+2)^3\,dx$

(2) $\displaystyle\int \frac{1}{(2x+3)^2}\,dx$

(3) $\displaystyle\int \frac{x^2}{x^3+1}\,dx$

(4) $\displaystyle\int \frac{x}{\sqrt{x^2+1}}\,dx$

(5) $\displaystyle\int \frac{(\ln x)^2}{x}\,dx$

(6) $\displaystyle\int xe^{2x^2}\,dx$

9.1.5 부분적분

두 함수의 곱에 대한 미분법을 알아봤듯이 여기서는 두 함수의 곱에 대한 적분법을 살펴본다. 두 함수 $f(x)$와 $g(x)$의 곱 $f(x)g(x)$에 대한 미분공식

$$\frac{d}{dx}f(x)g(x) = f'(x)g(x) + f(x)g'(x)$$

로부터

$$f(x)g(x) = \int (f(x)g'(x) + f'(x)g(x))\,dx = \int f(x)g'(x)\,dx + \int f'(x)g(x)\,dx$$

를 얻을 수 있다. 따라서 피적분함수가 두 함수의 곱 $f(x)g'(x)$로 주어진 경우의 부정적분은

$$\int f(x)g'(x)\,dx = f(x)g(x) - \int f'(x)g(x)\,dx$$

를 만족하고, 이와 같은 방법으로 역도함수를 구하는것을 **부분적분법**이라고 한다.

정리 9.3: 부분적분법

$f(x)$와 $g(x)$가 미분가능하다면 다음이 성립한다.

$$\int f(x)g'(x)\,dx = f(x)g(x) - \int f'(x)g(x)\,dx \tag{9.2}$$

참고 9.3 이러한 부분적분법을 사용하는 경우는

(1) $f(x)$를 미분했을 때 간단한 형태가 되고,

(2) $g'(x)$를 쉽게 적분할 수 있을 때

로서, 식 (9.2)의 우변의 피적분함수가 좌변의 피적분함수보다 간단한 형태가 되도록 유도하는게 핵심이다.

예 9.8 부정적분 $\int xe^{3x}\,dx$를 구하여라.

| **풀이** | $f(x) = x$, $g'(x) = e^{3x}$이라 하면 $f'(x) = 1$, $g(x) = \frac{1}{3}e^{3x}$이므로 정리 9.3에 의해

$$\int xe^{3x}\,dx = \frac{1}{3}xe^{3x} - \frac{1}{3}\int e^{3x}dx = \frac{1}{3}xe^{3x} - \frac{1}{9}e^{3x} + C$$

가 된다. □

예 9.9 부정적분 $\int \ln x\,dx$를 구하여라.

| **풀이** | $f(x) = \ln x$, $g'(x) = 1$이라 하면 $f'(x) = \frac{1}{x}$, $g(x) = x$이므로 정리 9.3에 의해

$$\int \ln x\,dx = x\ln x - \int x\frac{1}{x}\,dx = x\ln x - \int dx = x\ln x - x + C$$

가 된다. □

예 9.10 부정적분 $\int t^2e^t\,dt$를 구하여라.

| **풀이** | $\int e^t\,dt = e^t + C$에 주목하여 정리 9.3을 두 번 적용하면 다음을 얻는다.

$$\begin{aligned}\int t^2e^t\,dt &= t^2e^t - \int 2te^t\,dt \\ &= t^2e^t - 2\left(te^t - \int e^t\,dt\right) \\ &= e^t(t^2 - 2t + 2) + C\end{aligned}$$

이다. 적분상수는 임의의 실수를 나타내므로 $2C$를 그냥 C로 나타내도 무방하다. □

연습문제 9.3

1. 부분적분법을 이용하여 다음 부정적분을 구하시오.
   (1) $\int \frac{x}{(3x+1)^2}\,dx$
   (2) $\int x\sqrt{x+1}\,dx$
   (3) $\int xe^{2x}\,dx$
   (4) $\int (\ln x)^2\,dx$

(5) $\int x^2 \ln x \, dx$

(6) $\int \frac{\ln x}{\sqrt{x}} \, dx$

(7) $\int 2xe^x \, dx$

(8) $\int (x^2 - 3x + 1)e^{-x} \, dx$

9.1.6 유리함수의 적분법

다항함수 $f(x)$와 $g(x)$에 대해 $\frac{f(x)}{g(x)}$ 형태의 함수를 **유리함수**라고 한다. 이 절에서는 유리함수를 적분하는 방법에 대하여 알아본다.

기본공식

n을 자연수라 할 때 다음의 공식이 성립한다.

$$\int \frac{dx}{(x+a)^n} = \begin{cases} \ln|x+a| + C & (n=1) \\ \dfrac{1}{(1-n)(x+a)^{n-1}} + C & (n \geq 2) \end{cases}$$

$$\int \frac{x}{(x^2+a^2)^n} dx = \begin{cases} \dfrac{1}{2}\ln(x^2+a^2) + C & (n=1) \\ \dfrac{1}{2(1-n)(x^2+a^2)^{n-1}} + C & (n \geq 2) \end{cases}$$

위 공식은 치환적분법을 사용하면 쉽게 얻을 수 있다. 실제, 첫 번째 식에서는 $u = x + a$로 놓고, 두 번째 식에서는 $u = x^2 + a^2$으로 놓으면 된다.

유리함수의 적분

피적분함수를 좀 더 간단한 형태의 유리함수들의 합으로 나타냄으로써 계산을 수월하게 하는 방법을 **부분분수법**이라고 한다. $f(x)$가 $g(x)$로 나누어 떨어지지 않을 때 유리함수 $\frac{f(x)}{g(x)}$의 적분은 다음의 단계를 따른다.

(1) $f(x)$를 $g(x)$로 나눴을 때 몫을 $q(x)$, 나머지를 $r(x)$라고 하자. 즉, $q(x)$와 $r(x)$는 $f(x) = g(x)q(x) + r(x)$를 만족하는 다항식이고, $r(x)$의 차수는 $g(x)$의 차수보다 작아야 한다. 애초에 $f(x)$의 차수가 $g(x)$의 차수보다 작았다면 $q(x) = 0$이고 $r(x) = f(x)$가 된다.

(2) $r(x)$를 다음과 같이 분해하자.

$$r(x) = p_1(x)^{n_1} p_2(x)^{n_2} \cdots p_k(x)^{n_k}$$

여기에서 $p_1(x), p_2(x), \ldots, p_k(x)$는 더 이상 분해되지 않는 다항식들이고 $n_1, n_2, \ldots, n_k$는 자연수들이다.

(3) 이론적으로 $\dfrac{r(x)}{g(x)}$는 다음과 같이 표현가능하다.

$$\begin{aligned}\frac{r(x)}{g(x)} &= \left(\frac{c_{11}(x)}{p_1(x)} + \frac{c_{12}(x)}{p_1(x)^2} + \cdots + \frac{c_{1n_1}(x)}{p_1(x)^{n_1}}\right) \\ &\quad + \left(\frac{c_{21}(x)}{p_2(x)} + \frac{c_{22}(x)}{p_2(x)^2} + \cdots + \frac{c_{2n_2}(x)}{p_1(x)^{n_2}}\right) \\ &\quad + \cdots + \left(\frac{c_{k1}(x)}{p_k(x)} + \frac{c_{k2}(x)}{p_k(x)^2} + \cdots + \frac{c_{kn_k}(x)}{p_k(x)^{n_k}}\right)\end{aligned}$$

여기에서 각각의 $i = 1, 2, \ldots, k$에 대해 $c_{i1}(x), c_{i2}(x), \ldots, c_{in_i}(x)$는 0이거나 차수가 $p_i(x)$의 차수보다 작은 다항식들이다. 위 식의 양변에 $g(x)$를 곱한 후 계수 비교 등을 통해 다항식 $c_{11}(x), c_{12}(x), \ldots, c_{kn_k}(x)$를 구체적으로 결정할 수 있다.

(4) 이제 부정적분 $\displaystyle\int \frac{f(x)}{g(x)}\,dx$를 다음과 같이 구할 수 있다.

$$\begin{aligned}\int \frac{f(x)}{g(x)}\,dx &= \int q(x)\,dx \\ &\quad + \left(\int \frac{c_{11}(x)}{p_1(x)}\,dx + \int \frac{c_{12}(x)}{p_1(x)^2}\,dx + \cdots + \int \frac{c_{1n_1}(x)}{p_1(x)^{n_1}}\,dx\right) \\ &\quad + \left(\int \frac{c_{21}(x)}{p_2(x)}\,dx + \int \frac{c_{22}(x)}{p_2(x)^2}\,dx + \cdots + \int \frac{c_{2n_2}(x)}{p_1(x)^{n_2}}\,dx\right) \\ &\quad + \cdots + \left(\int \frac{c_{k1}(x)}{p_k(x)}\,dx + \int \frac{c_{k2}(x)}{p_k(x)^2}\,dx + \cdots + \int \frac{c_{kn_k}(x)}{p_k(x)^{n_k}}\,dx\right)\end{aligned}$$

예 9.11 부정적분 $\displaystyle\int \frac{dx}{x^2 - 3x + 2}\,dx$를 구하여라.

| 풀이 | $x^2 - 3x + 2 = (x-1)(x-2)$이므로

$$\frac{1}{x^2 - 3x + 2} = \frac{a}{x-1} + \frac{b}{x-2}$$

로 두고 양변에 $(x-1)(x-2)$를 곱하면

$$1 = a(x-2) + b(x-1)$$

을 얻는다. a, b를 구하기 위해 $x = 1$을 위 식에 대입하면 $a = -1$을 얻고, $x = 2$를 위 식에 대입하면 $b = 1$를 얻는다. 따라서 애초에 부정적분은 다음과 같이 계산할 수 있다.

$$\begin{aligned}\int \frac{dx}{x^2 - 3x + 2}\,dx &= -\int \frac{dx}{x-1} + \int \frac{dx}{x-2} \\ &= -\ln|x-1| + \ln|x-2| + C \\ &= \ln\left|\frac{x-2}{x-1}\right| + C\end{aligned}$$

□

예 9.12 부정적분 $\int \frac{x}{(x-1)^2(x-2)}\,dx$를 구하여라.

| **풀이** | 주어진 유리함수를 간단히 하기 위해

$$\frac{x}{(x-1)^2(x-2)} = \frac{a}{x-1} + \frac{b}{(x-1)^2} + \frac{c}{x-2}$$

로 두고 양변에 $(x-1)^2(x-2)$를 곱하면

$$x = a(x-1)(x-2) + b(x-2) + c(x-1)^2$$

이 된다. 이 식에서 $x = 1$로 두면 $b = -1$, $x = 2$로 두면 $c = 2$, $x = 0$으로 두면 $2a - 2b + c = 0$을 얻는다. 따라서 $a = -2$가 되고

$$\frac{x}{(x-1)^2(x-2)} = -\frac{2}{x-1} - \frac{1}{(x-1)^2} + \frac{2}{x-2}$$

를 얻게 된다. 이것을 적분하면 다음과 같다.

$$\begin{aligned}\int \frac{x}{(x-1)^2(x-2)}\,dx &= -\int \frac{2}{x-1}\,dx - \int \frac{dx}{(x-1)^2} + \int \frac{2}{x-2}\,dx \\ &= -2\ln|x-1| + \frac{1}{x-1} + 2\ln|x-2| + C \\ &= \frac{1}{x-1} + \ln\left(\frac{x-2}{x-1}\right)^2 + C\end{aligned}$$

□

예 9.13 $\int \frac{1}{x^2+1}\,dx = \tan^{-1} x$임을 이용하여 $\int \frac{3x+2}{(x-1)(x^2+2x+2)}\,dx$를 구하여라.

| **풀이** | 주어진 유리함수를 간단히 하기 위해

$$\frac{3x+2}{(x-1)(x^2+2x+2)} = \frac{a}{x-1} + \frac{bx+c}{x^2+2x+2}$$

로 두고 양변에 $(x-1)(x^2+2x+2)$를 곱하면

$$3x + 2 = a(x^2+2x+2) + (bx+c)(x-1)$$

이 된다. 이 식에서 $x = 1$을 대입하면 $a = 1$을 얻고, 양변의 x^2의 계수와 상수항을 비교하면

$$0 = a + b, \quad 2 = 2a - c$$

이므로 $b=-1$, $c=0$을 얻는다. 따라서 다음과 같이 부정적분을 계산할 수 있다.

$$\begin{aligned}\int \frac{3x+2}{(x-1)(x^2+2x+2)}\,dx &= \int \frac{dx}{x-1} - \int \frac{x}{x^2+2x+2}\,dx \\ &= \ln|x-1| - \frac{1}{2}\int \frac{2x+2}{x^2+2x+2}\,dx + \int \frac{dx}{(x+1)^2+1} \\ &= \ln|x-1| - \frac{1}{2}\ln(x^2+2x+2) + \tan^{-1}(x+1) + C\end{aligned}$$

□

연습문제 9.4

1. 다음의 부정적분을 구하시오.
   (1) $\displaystyle\int \frac{1}{x^3+x}\,dx$
   (2) $\displaystyle\int \frac{2x^2+x-1}{x(x+1)^2}\,dx$
   (3) $\displaystyle\int \frac{1}{(x+1)(x+2)}\,dx$
   (4) $\displaystyle\int \frac{x^2-x+1}{(x+1)^3}\,dx$

2. 다음 조건을 만족하는 함수 $y=f(x)$를 구하여라.
   (1) $\displaystyle\frac{dy}{dx} = \frac{1}{x^2-3x+2}$, $f(0)=2\ln 2$
   (2) $\displaystyle\frac{dy}{dx} = \frac{-2x+4}{(x^2+1)(x-1)^2}$, $f(0)=1$

9.2 정적분

이 절에서는 정적분의 개념을 소개하고 정적분과 부정적분과의 관계를 설명한다. 또한 정적분의 다양한 성질을 알아보고 이를 바탕으로 특수한 형태의 정적분을 구하는 방법과 예를 살펴본다.

9.2.1 정적분의 정의

주어진 닫힌구간 $[a,b]$를

$$a = x_0 < x_1 < \cdots < x_{n-1} < x_n = b$$

을 만족하는 $(n+1)$개의 점 $x_0, x_1, \ldots, x_n$을 이용해 n개의 소구간

$$[x_{i-1}, x_i] \quad (i = 1, 2, \ldots, n)$$

으로 나누는 것을 구간 $[a,b]$의 **분할**(partition)이라고 한다. 이 분할을

$$P \; : \; a = x_0 < x_1 < \cdots < x_{n-1} < x_n = b$$

로 나타내고, 각 소구간 $[x_{i-1}, x_i]$의 길이

$$\Delta x_i = x_i - x_{i-1} \quad (i = 1, 2, \cdots, n)$$

중 가장 긴 길이를 $\delta(P)$로 나타내자.

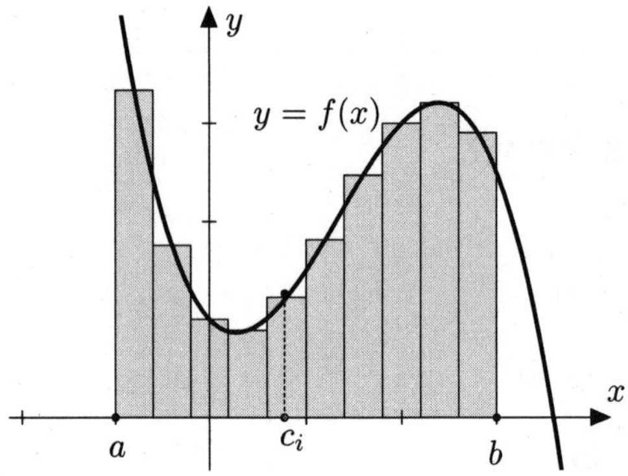

그림 9.1: 함수의 정적분

$f(x)$를 닫힌구간 $[a,b]$에서 정의된 함수라고 하자. $[a,b]$의 분할 P에 대하여 각 소구간 $[x_{i-1}, x_i]$에 속하는 점 c_i를 택하고 다음의 유한합

$$I(P) = \sum_{i=1}^{n} f(c_i)\Delta x_i$$

을 취했을 때, 이를 구간 $[a,b]$에서 정의된 함수 f의 **리만합**((Riemann sum)이라고 한다. 분할 P를 제한없이 세분화시킬 때, 즉 $\delta(P) \to 0$이 될 때, 분할을 세분화하는 방법과 각 소구간 $[x_{i-1}, x_i]$에 속하는 점 c_i를 택하는 방법에 관계없이 극한값

$$\lim_{\delta(P) \to 0} I(P) = I$$

가 정해진다면 $f(x)$는 $[a,b]$에서 **적분가능**이라고 한다. 이 때의 극한값을

$$I = \int_a^b f(x)\, dx$$

로 나타내고 $[a,b]$ 위에서 (또는, a부터 b까지) f의 **정적분**(definite integral)이라고 한다. 그리고 $f(x)$를 **피적분 함수**, a를 정적분의 **하한** , b를 **상한**이라고 한다. 적분기호 내에 **적분변수**라고 불리는 x는 다른 문자를 써도 아무런 상관이 없다. 예를 들면

$$\int_a^b f(x)\, dx = \int_a^b f(t)\, dt = \int_a^b f(u)\, du$$

등이 있다.

한편, 우리는 암묵적으로 $a < b$를 가정하고 있었지만, 편의상

$$a > b \text{ 일 때 } \int_a^b f(x)\,dx = -\int_b^a f(x)\,dx$$
$$a = b \text{ 일 때 } \int_a^a f(x)\,dx = 0$$

으로 약속하자.

다음의 시그마로 표현된 합의 공식은 리만합을 구하는데 있어 매우 유용하다.

$$\sum_{i=1}^{n} i = \frac{n(n+1)}{2}, \quad \sum_{i=1}^{n} i^2 = \frac{n(n+1)(2n+1)}{6}, \quad \sum_{i=1}^{n} i^3 = \left(\frac{n(n+1)}{2}\right)^2$$

예 9.14 정적분 $\int_a^b k\,dx$를 구하여라. (단, $k \in \mathbb{R}$, $a < b$)

|**풀이**| 함수 $f(x) = k$에 대해서 구간 $[a, b]$의 분할 $P : a = x_0 < x_1 < \cdots < x_n = b$에 관한 리만합은

$$I(P) = \sum_{i=1}^{n} f(c_i)\Delta x_i = \sum_{i=1}^{n} k\Delta x_i = k\sum_{i=1}^{n} \Delta x_i = k(b-a)$$

가 되는데, 이것은 분할 P와 c_i의 선택방법에 상관없이 항상 일정한 값이다. 따라서 $f(x) = k$는 적분가능하며

$$\int_a^b k\,dx = k(b-a)$$

이다. □

9.2.2 연속함수의 적분가능성 정리

증명없이 다음의 정리를 소개한다.

> **정리 9.4: 연속함수의 적분가능성**
>
> 함수 $f(x)$가 닫힌구간 $[a, b]$에서 연속이라면 $f(x)$는 그 구간에서 적분가능하다.

참고 9.4 함수 $f(x)$가 구간 $[a, b]$에서 연속이고, 구간 내 모든 점 x에 대해 $f(x) \geq 0$을 만족한다고 하자. 구간 $[a, b]$의 분할

$$P \;:\; a = x_0 < x_1 < \cdots < x_n = b$$

가 주어졌을 때 각 소구간 $[x_{i-1}, x_i]$에서 함수 $f(x)$는 연속이므로 최댓값 M_i와 최솟값 m_i를 갖는다. 이때

$$S(P) = \sum_{i=1}^{n} M_i \Delta x_i, \quad s(P) = \sum_{i=1}^{n} m_i \Delta x_i$$

라고 하자. 그림 9.2에서 보듯이 $S(P)$와 $s(P)$는 각각 푸른색과 붉은색 사각형의 면적의 합을 나타낸다. 정리 9.4에 의해 분할을 제한없이 세분화시킬 때 $S(P)$와 $s(P)$ 모두 $\int_a^b f(x)\,dx$에 수렴하는데, 이 값을 곡선 $y = f(x)$, x축, 직선 $x = a$, 직선 $x = b$로 둘러싸여진 영역의 면적으로 이해할 수 있다.

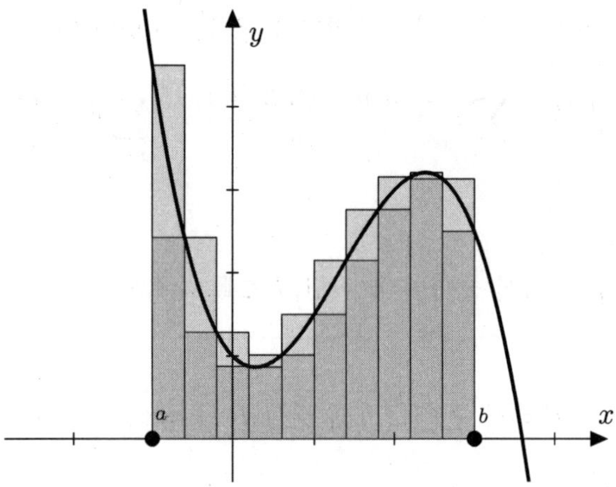

그림 9.2: 연속함수의 정적분과 면적

예 9.15 정적분 $\int_0^3 (x^3 - 6x)\,dx$를 계산하여라.

| **풀이** | 함수 $f(x) = x^3 - 6x$는 실수전체에서 연속이므로 구간 $[0, 3]$에서도 연속이다. 따라서 정리 9.4에 의해 $f(x)$는 구간 $[0, 3]$에서 적분가능한데, 정적분을 쉽게 계산하기 위해 구간 $[0, 3]$을 같은 간격을 가지는 n개의 소구간들로 분할하여 보자. 즉, $x_i = \frac{3i}{n}$ $(i = 0, 1, \ldots, n)$로 이루어진 분할에 대하여 $c_i = x_i$ $(i = 1, 2, \ldots, n)$라 선택하고 리만합의 극한을 계산하면 다음의 적분값을 얻는다.

$$\begin{aligned}
\int_0^3 (x^3 - 6x)\,dx &= \lim_{n\to\infty} \sum_{i=1}^{n} f(c_i)\Delta x_i \\
&= \lim_{n\to\infty} \sum_{i=1}^{n} f\left(\frac{3i}{n}\right)\frac{3}{n} \\
&= \lim_{n\to\infty} \frac{3}{n} \sum_{i=1}^{n} \left\{ \left(\frac{3i}{n}\right)^3 - 6\left(\frac{3i}{n}\right) \right\} \\
&= \lim_{n\to\infty} \left(\frac{81}{n^4} \sum_{i=1}^{n} i^3 - \frac{54}{n^2} \sum_{i=1}^{n} i \right)
\end{aligned}$$

$$= \lim_{n\to\infty}\left\{\frac{81}{n^4}\left(\frac{n(n+1)}{2}\right)^2 - \frac{54}{n^2}\left(\frac{n(n+1)}{2}\right)\right\}$$
$$= \frac{81}{4} - 27$$
$$= -\frac{27}{4}$$

□

9.2.3 정적분의 기본 성질

다음의 정리는 정적분의 정의로부터 명백하다.

정리 9.5

$f(x)$와 $g(x)$가 구간 $[a, b]$에서 적분가능할 때 다음이 성립한다.

(1) $\displaystyle\int_a^b kf(x)\,dx = k\int_a^b f(x)\,dx$ (단, $k \in \mathbb{R}$)

(2) $\displaystyle\int_a^b (f(x) \pm g(x))\,dx = \int_a^b f(x)dx \pm \int_a^b g(x)\,dx$ (복호동순)

(3) $\displaystyle\int_a^b f(x)\,dx = \int_a^c f(x)\,dx + \int_c^b f(x)\,dx$ (단, $a < c < b$)

(4) $[a, b]$에서 $f(x) \le g(x)$라면

$$\int_a^b f(x)\,dx \le \int_a^b g(x)\,dx$$

예 9.16 적분의 성질과 적분 결과식

$$\int_0^1 5\,dx = 5, \quad \int_0^1 x^2\,dx = \frac{1}{3}$$

을 이용하여 $\displaystyle\int_0^1 (5 + 3x^2)\,dx$를 구하여라.

| **풀이** | 정리 9.5의 (1)과 (2)를 이용하여

$$\int_0^1 (5+3x^2)\,dx = \int_0^1 5\,dx + 3\int_0^1 x^2\,dx = 5 + 3\cdot\frac{1}{3} = 6$$

을 얻는다.

□

연습문제 9.5

1. 다음 정적분을 계산하시오.
   (1) $\int_0^4 \left(\frac{x}{3}+x^2\right)dx$
   (2) $\int_0^1 \left(x^3-1\right)dx$
   (3) $\int_{-1}^1 \left(\frac{x^2}{2}+x^3\right)dx$
   (4) $\int_{-1}^1 |x|\,dx$

2. 임의의 닫힌구간에서 적분가능한 함수 f에 대하여

$$\int_0^{100} f(x)\,dx = 80, \qquad \int_{100}^{50} f(x)\,dx = 20$$

   일 때 $\int_0^{50} f(x)\,dx$를 구하여라.

3. 정적분 $\int_{-1}^1 (7-3x)\,dx$의 값을 리만합의 극한을 이용하여 구하여라.

4. 함수 f가 $[0,1]$에서

$$f(x)=\begin{cases} 1 & (x\in\mathbb{Q}) \\ -1 & (x\notin\mathbb{Q}) \end{cases}$$

   로 정의되었을 때 f의 적분가능성을 조사하여라.

5. 다음 극한값을 정적분으로 나타내어라.
   (1) $\lim_{n\to\infty}\frac{1}{n}\left(1+\sqrt{1+\frac{1}{n}}+\sqrt{1+\frac{2}{n}}+\cdots+\sqrt{1+\frac{n-1}{n}}\right)$
   (2) $\lim_{n\to\infty}\left(\frac{2}{n+2}+\frac{2}{n+4}+\frac{2}{n+6}+\cdots+\frac{2}{3n}\right)$
   (3) $\lim_{n\to\infty}\frac{(n+1)^2+(n+2)^2+\cdots+(2n)^2}{n^3}$
   (4) $\lim_{n\to\infty}\frac{1}{n}\left(e^{4/n}+e^{8/n}+\cdots+e^4\right)$
   (5) $\lim_{n\to\infty}\sum_{i=1}^{n}\left(1+\frac{4i}{n}\right)^2\frac{1}{n}$

9.2.4 적분의 기본정리

적분에 관한 평균값의 정리

정의 9.3 (함수의 평균값). 함수 f가 닫힌구간 $[a,b]$에서 적분가능하면 $[a,b]$ 위에서 f의 **평균값**(average value or mean value)은 다음과 같이 정의된다.

$$avr(f) = \frac{1}{b-a}\int_a^b f(x)\,dx$$

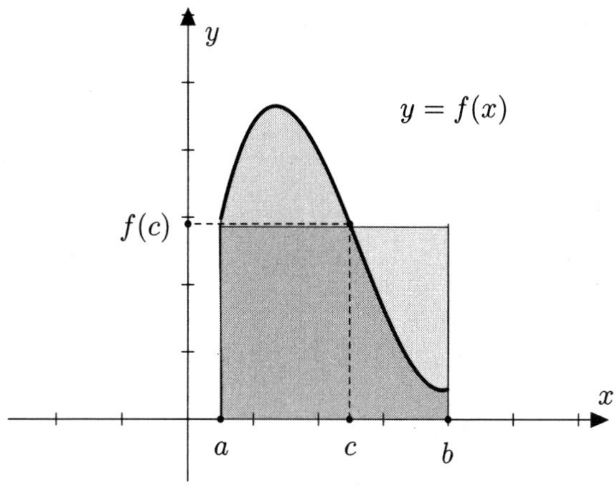

그림 9.3: 정적분의 평균값 정리

정리 9.6: 정적분의 평균값 정리

함수 $f(x)$가 닫힌구간 $[a,b]$에서 연속이라면

$$avr(f) = f(c)$$

를 만족하는 점 c가 구간 (a,b)에 존재한다.

| **증명** | $f(x)$가 상수이면 명백하기 때문에 그렇지 않은 경우를 생각하자. $f(x)$는 구간 $[a,b]$에서 연속이므로 최댓값 M과 최솟값 m을 가지고, $[a,b]$ 위에서

$$m \le f(x) \le M$$

이 된다. 게다가 $f(x)$는 상수함수가 아니라고 했기 때문에

$$\int_a^b m\,dx < \int_a^b f(x)\,dx < \int_a^b M\,dx$$

가 성립하고, 따라서

$$m(b-a) < \int_a^b f(x)\,dx < M(b-a)$$

를 얻는다. 여기서 모든 항을 $b-a$로 나누면

$$m < avr(f) < M$$

을 얻는데, $f(x)$의 치역은 $[m, M]$이기 때문에 중간값 정리에 의해

$$avr(f) = f(c)$$

가 되는 점 c가 구간 (a, b)에 반드시 존재한다. □

정적분과 부정적분

정리 9.7: 미적분학의 제1 기본정리

함수 $f(x)$가 닫힌구간 $[a, b]$에서 연속이라고 하자. 구간 $[a, b]$에서 함수 $F(x)$를

$$F(x) = \int_a^x f(t)\,dt$$

라고 정의하면 $F(x)$는 구간 (a, b)에서 미분가능하며

$$F'(x) = f(x)$$

를 만족한다.

| 증명 | 점 x가 구간 (a, b)에 속할 때, 절대값이 충분히 작고 0이 아닌 임의의 h에 대해 $x+h$도 구간 (a, b)에 속한다. 이 때

$$\frac{F(x+h)-F(x)}{h} = \frac{1}{h}\left(\int_a^{x+h} f(t)\,dt - \int_a^x f(t)\,dt\right) = \frac{1}{h}\int_x^{x+h} f(t)\,dt$$

가 성립하므로 정리 9.6에 의해

$$\frac{F(x+h)-F(x)}{h} = f(c)$$

를 만족하는 c가 구간 $(x, x+h)$에 존재한다. 한편 f는 x에서 연속이기 때문에

$$\lim_{h\to 0}\frac{F(x+h)-F(x)}{h} = \lim_{h\to 0} f(c) = f(x)$$

가 성립한다. □

참고 9.5 정리 9.7 에 의하면 연속함수 $f(x)$에 대해서 $\int_a^x f(t)\,dt$는 $f(x)$의 역도함수이다.

예 9.17 $\dfrac{d}{dx}\displaystyle\int_3^x (t^2 - t + 2)\,dt$를 구하시오.

| 풀이 | $F(x) = \displaystyle\int_3^x (t^2 - t + 2)\,dt$라고 하면 정리 9.7에 의해

$$\frac{d}{dx}F(x) = F'(x) = x^2 - x + 2$$

가 된다. □

정리 9.8: 미적분학의 제2 기본정리

함수 $f(x)$가 $[a,b]$를 포함하는 열린구간 I에서 연속이고, $F(x)$를 구간 I에서 $f(x)$의 역도함수라고 하면

$$\int_a^b f(t)\,dt = F(b) - F(a)$$

가 성립한다. 위 식의 우변을 간단히 $[F(x)]_a^b$로 표기한다.

| 증명 | 정리 9.7에 의하면 $\displaystyle\int_a^x f(t)\,dt$는 $f(x)$의 역도함수이기 때문에 적당한 상수 C에 대해

$$\int_a^x f(t)\,dt = F(x) + C$$

가 성립한다. 이 식에서 $x = a$를 대입하면 $0 = F(a) + C$가 되고, 따라서 -

$$\int_a^x f(t)\,dt = F(x) - F(a)$$

를 얻게 된다. 여기에 $x = b$를 대입하면

$$\int_a^b f(t)\,dt = F(b) - F(a)$$

가 된다. □

정리 9.8에 의하면 연속함수 $f(x)$의 정적분은 $f(x)$의 역도함수를 알고 있으면 쉽게 구하여진다.

예 9.18 n을 자연수라고 할 때 정리 9.8에 의해

$$\int_a^b x^n\,dx = \int_a^b \left(\frac{x^{n+1}}{n+1}\right)'dx = \left[\frac{x^{n+1}}{n+1}\right]_a^b = \frac{1}{n+1}(b^{n+1} - a^{n+1})$$

이 된다.

예 9.19 정적분 $\int_1^2 (3x^2+2)\,dx$를 구하여라.

|**풀이**| 정리 9.8에 의해 다음을 계산할 수 있다.

$$\int_1^2 (3x^2+2)\,dx = \int_1^2 (x^3+2x)'\,dx = \left[x^3+2x\right]_1^2 = 12-3=9$$

□

연습문제 9.6

1. 다음 정적분을 계산하시오.
   (1) $\int_{-2}^{2} (x^4+x^2)\,dx$
   (2) $\int_1^3 \left(\frac{1}{x^2}+\frac{1}{x^3}\right) dx$
   (3) $\int_1^2 \left(\sqrt{x}+\frac{1}{\sqrt{x}}\right) dx$
   (4) $\int_1^3 \frac{1}{x}\,dx$

2. 미적분학의 기본정리를 이용하여 다음 정적분으로 정의된 함수의 도함수를 구하시오.
   (1) $f(x) = \int_0^x \sqrt{1+r^3}\,dr$
   (2) $g(y) = \int_0^y \left(\frac{u^3}{1+u^2}\right) du$
   (3) $f(x) = \int_{x^2}^0 \sqrt{1+r^3}\,dr$
   (4) $g(y) = \int_{1-3y}^1 \left(\frac{u^3}{1+u^2}\right) du$

9.2.5 정적분의 계산

치환적분법

정리 9.9: 치환적분법

두 함수 f와 g에 대해 다음이 성립한다고 하자.
(1) f는 g의 치역에서 연속이다.
(2) g'은 닫힌구간 $[a,b]$에서 연속이다.

그러면

$$\int_a^b f(g(t))g'(t)\,dt = \int_{g(a)}^{g(b)} f(x)\,dx$$

가 성립한다.

| 증명 | $f(x)$의 역도함수를 $F(x)$라고 하면 $F(g(t))$는 $f(g(t))g'(t)$의 역도함수이다. 따라서 정리 9.8에 의해

$$\int_a^b f(g(t))g'(t)\,dt = F(g(b)) - F(g(a)) = \int_{g(a)}^{g(b)} f(x)\,dx$$

가 성립한다. □

예 9.20 정적분 $\int_1^2 (2x^3-4)^2 3x^2\,dx$를 구하여라.

| 풀이 | $u = 2x^3 - 4$로 놓으면 $du = 6x^2\,dx$가 되므로

$$\int_1^2 (2x^3-4)^2 3x^2\,dx = \int_{-2}^{12} \frac{1}{2}u^2\,du = \frac{1}{6}\left[u^3\right]_{-2}^{12} = \frac{1}{6}(12^3 - (-2)^3) = \frac{868}{3}$$

가 된다. □

예 9.21 정적분 $\int_0^1 2xe^{x^2}\,dx$를 구하여라.

| 풀이 | $u = x^2$으로 놓으면 $du = 2xdx$가 되어

$$\int_0^1 2xe^{x^2}\,dx = \int_0^1 e^u\,du = [e^u]_0^1 = e - 1$$

이 된다. □

정리 9.10: 대칭함수의 적분

함수 f가 대칭구간 $[-a, a]$에서 연속이라 하자.

(1) 만약 f가 우함수 (즉, $f(-x) = f(x)$)이면 $\int_{-a}^a f(x)\,dx = 2\int_0^a f(x)\,dx$이다.

(2) 만약 f가 기함수 (즉, $f(-x) = -f(x)$)이면 $\int_{-a}^a f(x)\,dx = 0$이다.

예 9.22 다음을 계산하여라.

(1) $\displaystyle\int_{-2}^{2}(x^6+1)\,dx$

(2) $\displaystyle\int_{-1}^{1}\frac{3x}{e^{x^2}}\,dx$

| **풀이** | (1) $f(x)=x^6+1$은 대칭구간 $[-2,2]$에서 우함수이므로

$$\int_{-2}^{2}(x^6+1)\,dx=2\int_{0}^{2}(x^6+1)\,dx=2\left[\frac{x^7}{7}+x\right]_0^2=2\left(\frac{2^7}{7}+2\right)=\frac{284}{7}$$

이 된다.

(2) $f(x)=\dfrac{3x}{e^{x^2}}$은 대칭구간 $[-1,1]$에서 기함수이므로

$$\int_{-1}^{1}\frac{3x}{e^{x^2}}\,dx=0$$

이 된다.

□

부분적분법

부정적분의 부분적분 공식에 정리 9.8을 적용하면 다음과 같은 결과를 얻는다.

정리 9.11: 부분적분법

함수 f와 g가 $[a,b]$를 포함하는 열린구간에서 미분가능하면 다음이 성립한다.

$$\int_a^b f(x)g'(x)\,dx=[f(x)g(x)]_a^b-\int_a^b f'(x)g(x)\,dx$$

예 9.23 정적분 $\displaystyle\int_a^b \ln x\,dx$를 구하여라. (단, $a,b>0$)

| **풀이** | $f(x)=\ln x,\ g'(x)=1$로 놓으면 $f'(x)=\dfrac{1}{x}$, $g(x)=x$가 되고, 정리 9.11에 의해

$$\begin{aligned}\int_a^b \ln x\,dx&=[x\ln x]_a^b-\int_a^b\frac{1}{x}\,x\,dx\\&=[x\ln x]_a^b-[x]_a^b\\&=b\ln b-a\ln a-b+a\end{aligned}$$

가 된다.

□

예 9.24 정적분 $\int_0^1 xe^x\,dx$를 구하여라.

| **풀이** | $f(x) = x$, $g'(x) = e^x$으로 놓으면 $f'(x) = 1$, $g(x) = e^x$이 되고, 정리 9.11에 의해

$$\int_0^1 xe^x\,dx = [xe^x]_0^1 - \int_0^1 e^x\,dx = [xe^x]_0^1 - [e^x]_0^1 = e - e + 1 = 1$$

이 된다. □

예 9.25 정적분 $\int_a^b x^2e^x\,dx$를 구하여라.

| **풀이** | $\int e^x\,dx = e^x$임을 주목하여 정리 9.11을 두 번 적용하면 다음을 얻는다.

$$\begin{aligned}\int_a^b x^2e^x\,dx &= [x^2e^x]_b^a - \int_a^b 2xe^x\,dx \\ &= [x^2e^x]_b^a - 2\left([xe^x]_a^b - \int_a^b e^x\,dx\right) \\ &= [e^x(x^2-2x+2)]_a^b \\ &= e^b(b^2-2b+2) - e^a(a^2-2a+2)\end{aligned}$$

□

연습문제 9.7

1. 다음의 정적분을 계산하시오.
   (1) $\int_{-1}^1 (2x+1)^4\,dx$
   (2) $\int_0^2 \frac{dx}{(3x+1)^2}$
   (3) $\int_0^{\sqrt{5}} x^3\sqrt{x^2+4}\,dx$
   (4) $\int_0^{\sqrt{3}} \frac{x}{\sqrt{x^2+1}}\,dx$
   (5) $\int_0^1 \frac{e^{2x}}{e^x+1}\,dx$
   (6) $\int_0^1 xe^{-3x}\,dx$

9.3 정적분의 응용

9.3.1 면적

참고 9.4에 의하면 함수 $f(x)$가 $[a, b]$에서 연속이고 $f(x) \geq 0$이라면 곡선 $y = f(x)$, x축, 직선 $x = a$, 직선 $x = b$로 둘러싸인 도형의 면적 S는

$$S = \int_a^b f(x)\,dx$$

로 주어진다.

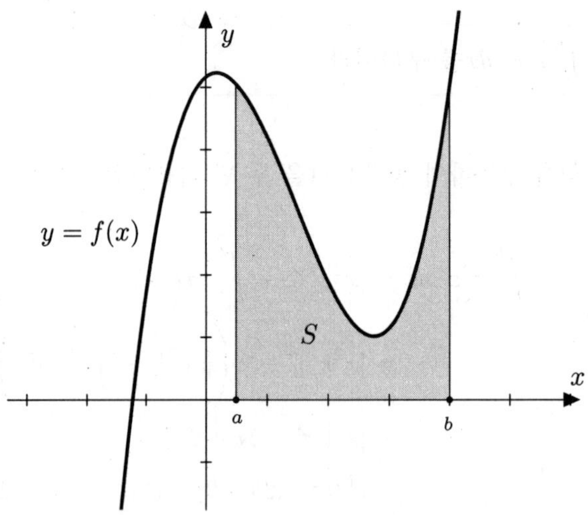

그림 9.4: 정적분과 도형의 면적

예 9.26 곡선 $y = x^4 - 2x^3 + 2$, x축 및 두 직선 $x = -1$, $x = 2$로 둘러싸인 도형의 넓이를 구하여라.

| **풀이** | 구하는 넓이를 S라 하면

$$\begin{aligned} S &= \int_{-1}^{2} (x^4 - 2x^3 + 2)\,dx \\ &= \left[\frac{x^5}{5} - \frac{x^4}{2} + 2x\right]_{-1}^{2} \\ &= \left(\frac{32}{5} - \frac{16}{2} + 4\right) - \left(-\frac{1}{5} - \frac{1}{2} - 2\right) \\ &= \frac{51}{10} \end{aligned}$$

이 된다. □

두 함수 $f(x)$와 $g(x)$가 구간 $[a, b]$에서 연속일 때 두 곡선 $y = f(x)$, $y = g(x)$와 두 직선 $x = a$, $x = b$로 둘러싸인 도형의 면적 S는

$$S = \int_a^b |f(x) - g(x)|\, dx$$

임을 알 수 있다.

예 9.27 곡선 $y = x^3 - 2x^2 - x + 2$와 x축으로 둘러싸인 도형의 넓이를 구하여라.

| 풀이 | 곡선 $y = x^3 - 2x^2 - x + 2 = (x+1)(x-1)(x-2)$와 x축과의 교점의 x좌표는 -1, 1, 2이다. 그림 9.5를 참고하면 구하는 도형의 넓이 S는 다음과 같다.

$$\begin{aligned} S &= \int_{-1}^{1} (x^3 - 2x^2 - x + 2)\, dx - \int_{1}^{2} (x^3 - 2x^2 - x + 2)\, dx \\ &= \left[\frac{x^4}{4} - \frac{2x^3}{3} - \frac{x^2}{2} + 2x\right]_{-1}^{1} - \left[\frac{x^4}{4} - \frac{2x^3}{3} - \frac{x^2}{2} + 2x\right]_{1}^{2} \\ &= \frac{8}{3} - \frac{5}{12} \\ &= \frac{37}{12} \end{aligned}$$

□

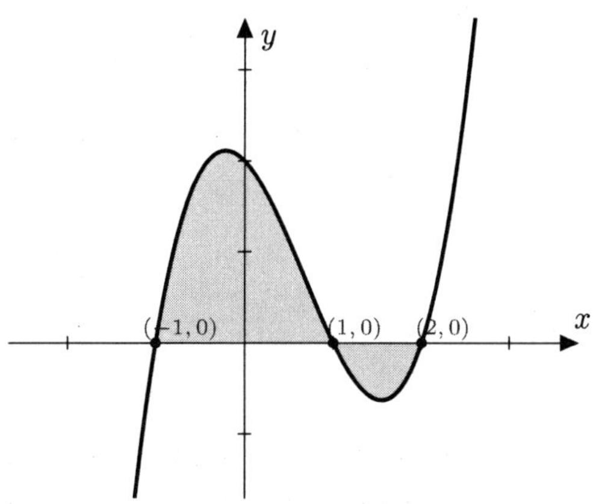

그림 9.5: 곡선 $y = x^3 - 2x^2 - x + 2$와 x축으로 둘러싸인 도형

예 9.28 곡선 $y = x^3$과 직선 $y = 4x$로 둘러싸인 도형의 넓이를 구하여라.

| 풀이 | 곡선 $y = x^3$과 직선 $y = 4x$의 교점의 x좌표는 -2, 0, 2이다. 그림 9.6을 참고하면 구하는 도형의 넓이 S는 다음과 같다.

$$S = \int_{-2}^{0} (x^3 - 4x)\, dx + \int_{0}^{2} (4x - x^3)\, dx$$

$$
\begin{aligned}
&= \left[\frac{x^4}{4} - 2x^2\right]_{-2}^{0} + \left[2x^2 - \frac{x^4}{4}\right]_{0}^{2} \\
&= 4 + 4 \\
&= 8
\end{aligned}
$$

□

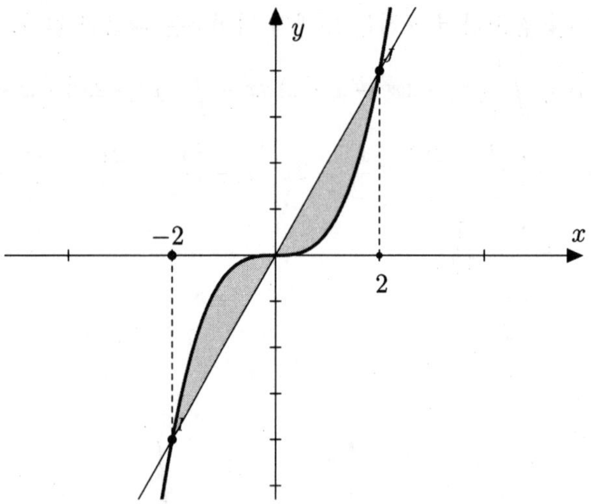

그림 9.6: 곡선 $y = x^3$과 직선 $y = 4x$로 둘러싸인 도형

9.3.2 곡선의 길이

함수 $f(x)$가 구간 $[a, b]$에서 연속일 때 곡선 $y = f(x)$의 길이를 구하는 공식을 찾아보려 한다. 우선 곡선의 길이를 엄밀히 정의해야 한다. 구간 $[a, b]$의 분할 $P : a = x_0 < x_1 < \cdots < x_n = b$를 택하고 곡선 $y = f(x)$ 위에 점 $(x_i, f(x_i))$를 A_i라고 하자. 이 때 선분 $A_0A_1, A_1A_2, \ldots, A_{n-1}A_n$의 길이를 각각 $\ell_1, \ell_2, \ldots, \ell_n$이라고 하면 선분의 길이의 합

$$L(P) = \sum_{i=1}^{n} \ell_i$$

는 분할을 제한없이 세분화할 때 분할의 방법에 관계없이 한 값 L에 수렴하는데, 그 극한값 L을 곡선 $y = f(x)$ $(a \le x \le b)$의 길이로 정의한다.

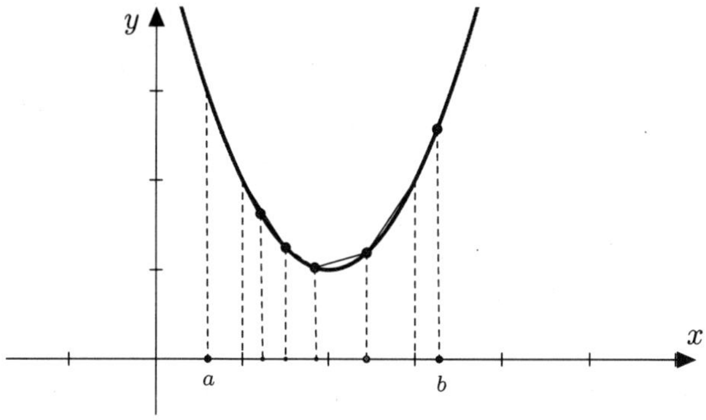

그림 9.7: 곡선 $y = f(x)$의 길이

이제 함수 $f(x)$가 $[a, b]$를 포함하는 열린구간에서 연속인 도함수를 갖는다고 가정하자. 그러면 평균값 정리에 의해 각각의 $i = 1, 2, \ldots, n$에 대해

$$\Delta y_i = f(x_i) - f(x_{i-1}) = f'(c_i)\Delta x_i$$

를 만족하는 $c_i \in (x_{i-1}, x_i)$가 존재하게 되고

$$\ell_i = \sqrt{(\Delta x_i)^2 + (\Delta y_i)^2} = \sqrt{(\Delta x_i)^2 + f'(c_i)^2(\Delta x_i)^2} = \sqrt{1 + f'(c_i)^2}\Delta x_i$$

가 된다. 따라서

$$L(P) = \sum_{i=1}^{n} \sqrt{1 + f'(c_i)^2}\Delta x_i$$

가 되는데 함수 $\sqrt{1 + f'(x)^2}$은 $[a, b]$에서 연속이기 때문에 분할을 제한없이 세분화시키면 $L(P)$는 $\int_a^b \sqrt{1 + f'(x)^2}\, dx$로 수렴한다. 마침내 곡선 $y = f(x)$ $(a \le x \le b)$의 길이 L은 다음의 식으로 주어진다.

$$L = \int_a^b \sqrt{1 + f'(x)^2}\, dx$$

예 9.29 곡선 $y = \ln(1 - x^2)$의 구간 $[0, \frac{1}{2}]$에서의 곡선의 길이 L을 구하여라..

| **풀이** | 위 공식을 적용시키면 다음을 얻는다.

$$\begin{aligned} L &= \int_0^{1/2} \sqrt{1 + \left(\frac{dy}{dx}\right)^2}\, dx \\ &= \int_0^{1/2} \sqrt{1 + \left(\frac{-2x}{1 - x^2}\right)^2}\, dx \\ &= \int_0^{1/2} \sqrt{\left(\frac{1 + x^2}{1 - x^2}\right)^2}\, dx \end{aligned}$$

$$
\begin{aligned}
&= \int_0^{1/2} \left(-1 + \frac{1}{1-x} + \frac{1}{1+x} \right) dx \\
&= \left[-x + \ln \left| \frac{1+x}{1-x} \right| \right]_0^{1/2} \\
&= -\frac{1}{2} + \ln 3
\end{aligned}
$$

□

예 9.30 곡선 $y = 2x + 1$의 구간 $[0, 3]$에서의 곡선의 길이를 구하여라.

| 풀이 | $\dfrac{dy}{dx} = 2$이므로 구하는 곡선의 길이는 다음과 같다.

$$\int_0^3 \sqrt{1+2^2}\, dx = \int_0^3 \sqrt{5}\, dx = 3\sqrt{5}$$

□

연습문제 9.8

1. 다음의 곡선이나 직선에 둘러싸인 부분의 면적을 구하시오.
   (1) $y = \frac{1}{2}x^2 + 1,\ y = x^2$
   (2) $y = 4x,\ y = x^3$
   (3) $y = x^2,\ x = y^2$
   (4) $y = x^4,\ y = -x^2 + 2x$
   (5) $y = x,\ (y-1)^2 = x + 1$
   (6) $y = e^x,\ y = \frac{1}{2}x,\ x = 1,\ x = 3$

2. 다음 곡선의 길이를 구하시오.
   (1) $y = \frac{1}{3}(x^2+2)^{3/2}\quad (0 \le x \le 1)$
   (2) $y = \sqrt{1-x^2}\quad (0 \le x \le \frac{1}{2})$
   (3) $y = x^2\quad (0 \le x \le 1)$
   (4) $y^2 = (x+2)^3\quad (-2 \le x \le 2)$

9.4 종합문제

1. 다음 부정적분을 구하시오.
   (1) $\int 2^x \, dx$
   (2) $\int \frac{e^x}{e^x+1} \, dx$
   (3) $\int \frac{1+4x}{\sqrt{1+x+2x^2}} \, dx$
   (4) $\int x^2 e^{-x} \, dt$
   (5) $\int x(\ln x)^2 \, dx$
   (6) $\int \frac{dx}{e^x + e^{-x}}$
   (7) $\int \frac{x^2}{(x^2+4)^{3/2}} \, dx$
   (8) $\int \frac{x^3+3x}{x^2+1} \, dx$

2. $f(x) = \int_2^{x^2} \ln 2t \, dt$ $(x > 0)$일 때 도함수 $f'(x)$를 구하시오.

3. 다음 정적분을 계산하시오.
   (1) $\int_3^4 \frac{x}{x^2-4} \, dx$
   (2) $\int_0^1 2^x \, dx$
   (3) $\int_0^2 (x+1)^2 e^x \, dx$
   (4) $\int_1^4 x \ln x \, dx$
   (5) $\int_1^2 \frac{dx}{x(x+1)}$
   (6) $\int_2^4 \frac{x}{(x+1)(x+2)} \, dx$
   (7) $\int_1^4 \sqrt{x} \ln x \, dx$
   (8) $\int_4^9 \frac{dx}{\sqrt{x}-1}$

4. 다음의 곡선이나 직선에 둘러싸인 부분의 면적을 구하시오.
   (1) $y^2 = 4 - x$, $x + 2y - 1 = 0$
   (2) $x = y^2$, $x = 3 - 2y^2$
   (3) $y = x^3 - 3x + 4$, $y = x + 4$
   (4) $y = x^2$, $y = 2 - x$, $y = 0$
   (5) $y = x^4$, $y = \sqrt{x}$

(6) $y = x^3 + x + 2$, $y = 0$, $x = 1$

5. 다음 곡선의 길이를 구하시오.
   (1) $y = \sqrt{1 - x^2}$ $(-1 \le x \le 1)$
   (2) $y = \dfrac{1}{8}x^4 + \dfrac{1}{4x^2}$ $(-2 \le x \le -1)$
   (3) $y = x\sqrt{x}$ $(0 \le x \le \frac{4}{3})$
   (4) $y = 2\sqrt{x^3}$ $(\frac{1}{3} \le x \le \frac{5}{3})$
   (5) $y = x^{2/3}$ $(1 \le x \le 3)$
   (6) $y = \dfrac{4\sqrt{2}}{3}x^{2/3} - 1$ $(0 \le x \le 1)$

Index

【 ㅁ 】

【 ㅂ 】

【 ㅅ 】

【 ㅇ 】

【 ㅈ 】

| **저자 소개** |

김승욱
독일 Kiel대학교 수학과 학사
독일 Kiel대학교 수학과 석사
독일 Kiel대학교 대학원 이학박사
현) 한국외국어대학교 수학과 교수

김영록
서울대학교 수학과 학사
서울대학교 수학과 석사
서울대학교 대학원 이학박사
현) 한국외국어대학교 교육대학원 수학전공 교수

송현정
한국외국어대학교 수학과 학사
한국외국어대학교 수학과 석사
일본 지바대학교 이학박사
현) 한국외국어대학교 수학과 강사

기초수학

| 저 자 김승욱 · 김영록 · 송현정
| 발 행 인 주정희
| 발 행 처 자유아카데미
| 주 소 경기도 파주시 회동길 37-42 파주출판도시
| 전 화 031-955-1321
| 팩 스 031-955-1322
| 홈페이지 www.freeaca.com
| 전자우편 main@freeaca.com(대표)
editor@freeaca.com(편집)
crm@freeaca.com(영업)
| 등 록 제406-2003-017호, 1980. 7. 12
| 제1판1쇄 2016년 2월 29일 발행
| 정 가 18,000원

저자와의 협의하에 인지생략

ISBN 979-11-5808-082-2 93410